市政规划
与给排水工程研究

武建华　徐二敏　赵桂华　著

汕头大学出版社

图书在版编目（CIP）数据

市政规划与给排水工程研究 / 武建华，徐二敏，赵
桂华著. -- 汕头：汕头大学出版社，2021.5
ISBN 978-7-5658-4330-3

Ⅰ. ①市… Ⅱ. ①武… ②徐… ③赵… Ⅲ. ①市政工
程－城市规划②市政工程－给排水系统 Ⅳ. ①TU99

中国版本图书馆CIP数据核字(2021)第079217号

市政规划与给排水工程研究
SHIZHENG GUIHUA YU JIPAISHUI GONGCHENG YANJIU

作　　者：武建华　徐二敏　赵桂华
责任编辑：邹　峰
责任技编：黄东生
封面设计：徐逍逍
出版发行：汕头大学出版社
　　　　　广东省汕头市大学路243号汕头大学校园内　　邮政编码：515063
电　　话：0754-82904613
印　　刷：廊坊市海涛印刷有限公司
开　　本：710mm×1000 mm 1/16
印　　张：9
字　　数：150 千字
版　　次：2021 年 5 月第 1 版
印　　次：2022 年 5 月第 1 次印刷
定　　价：68.00 元
ISBN 978-7-5658-4330-3

前　言

　　市政规划也称城市规划，是城市管理的重要组成部分，是市政建设和管理的依据，也是市政管理中城市规划、城市建设、城市运行三个阶段的龙头。城市规划工作的基本内容是依据城市的经济社会发展目标和环境保护的要求，根据区域规划等更高层次的空间规划的要求，在充分研究城市的自然、经济、社会、文化和技术发展条件的基础上，结合城市发展战略，预测城市发展规模，选择城市用地的布局和发展方向，按照工程技术和环境的要求，综合安排城市各项工程设施，并提出近期控制引导措施，而给排水工程是城市规划的一部分。为此，笔者编写了《市政规划与给排水工程研究》一书。

　　本书遵循我国市政规划与给排水工程相关规范，结合市政规划、给排水工程等相关理论，按照城市综合规划内容构建全书体系，具体包括以下内容：城市空间规划、城市轨道交通线网规划、城市轨道交通线路工程、城市供水管网的运行管理、城市供水管网的更新改造。在本书的编写过程中笔者参考了大量的书籍、网站等资料，已尽可能在参考文献中详细地列出，在此对这些专家和学者表示深深的谢意。

　　由于笔者水平有限，书中难免有错漏之处，恳请读者批评指正。

目　录

第一章　城市空间规划

从空间意义上来分析，城市空间规划可以划分为不同的空间层次。在我国，一般可划分为区域规划、城市总体规划、城市设计、居住区规划、城市环境设计等。

城市空间规划是指对区域与城市范围内经济社会的物质实体进行空间上的规划，在本章中所涉及的空间规划更多的是指对物质形态的规划。但是空间规划绝不仅仅是物质规划，还包括城市经济结构、社会结构、文化结构等方方面面的规划。

第一节　区域规划

一、区域规划的空间概念

（一）区域的概念

区域是一个空间概念，是地球表面上占有一定空间的、以不同的物质实体组成的地域结构形式。区域具有一定的范围和界限，也具有不同的层次。

按物质内容来划分，"区域"可划分为自然地理区域和社会经济区域以及两者的综合体。区域内部各组成部分之间存在紧密的联系，比如各种自然区、综合经济区，在地理要素或经济要素上具有一致性或关联性，但同时在区域之间存在差异性。

（二）区域规划的类型

根据区域空间范围、类型、要素的不同，可以将区域规划划分为3种类型。

1.国土规划

国家级、流域级和跨省级三级规划与若干重大专项规划构成国家基本的国土规划体系。国土规划的目的是确立国土综合整治的基本目标；协调经济、社会、人口资源、环境诸方面的关系，促进区域经济发展和社会进步。

2.都市圈规划

都市圈规划是以大城市为主，以发展城市战略性问题为中心，以城市或城市群体发展为主体，以城市的影响区域为范围，所进行的区域全面协调发展和区域空间合理配置的区域规划。

3.县（市、区）域规划

它是以城乡一体化为导向，在规划目标和策略上以促进区域城乡统筹发展与区域空间整体利用为重点，统筹安排城乡空间功能和减少空间利用的规划。

二、都市圈规划的空间策略

（一）都市圈的空间界定

都市圈是物流、技术流、资金流和人才流等自由流动的城市群，是一个以经济要素为主导，地理、文化等要素为辅进行划分的空间类型。都市圈的形成是一个动态过程，是若干个功能各异但互为补充的高度关联的现代化中心城市和区域经济演进的必然产物。

纵观国内外都市圈的形成过程，引起都市圈空间成长的最主要的动力因素是城市化、现代交通技术、产业扩散与转移和政府决策与规划。其中，城市化是直接动因，现代交通技术是基础动因，产业扩散与转移是内在动因，政府决策与规划是外在动因。

国外对都市圈边界的确定主要以通勤率为主，建立在发达的私人交通基础上。如美国的SMSA（标准大都市统计区）规定，属于SMSA的邻近县，至少有15%的职工在中心县工作且就业者中有超过25%的职工常住于中心县中。日本的"大都市圈"概念规定外围地区到中心城市的通勤率不小于本身人口的15%，大都市圈之间的物资运输量不得超过总运输量的25%。其他欧洲国家外围地域的划分也是依据一些最具代表性的统计指标如通勤率、非农化水平等来界定的。

综合起来，都市圈界定的基本标准包括如下几个方面。

（1）都市圈是一个城镇密集区域，中心城市发达，副都心圈发育，都市圈圈层结构基本形成。

（2）快速交通系统形成，社会经济联系密切，尤其是"日常都市圈"的划分一般基于交通条件。

（3）都市圈中心城市的人口达到一定规模和等级。

（4）外围地区的区划尽量保持行政区划的完整性，如以县为基本单元，有利于利用统计单位进行研究和利用行政单位进行管理。

目前，我国人口100万以上的城市或人口不到100万的省会城市均形成了明显的都市圈，这些城市大多具有跨行政区的城市功能，GDP在整个都市圈区域内所占的比重很高。故以中心城市人口在100万以上，中心城市具跨省际的城市功能，中心城市GDP中心度大于45%为都市圈界定的核心条件；另外，由于我国私人交通不发达，通勤率本身不高，也没有统计数据基础，因此不能照搬国外的做法。研究表明，在我国目前交通水平上，"1小时左右时距"范围基本为"日常都市圈"范围，故建议以周边城镇到中心城市"1小时左右时距"作为都市圈外围地区进入都市圈的条件。然而，由于我国地形复杂多样，不少河谷或山地大城市受地形影响，城镇密度较低，"日常都市圈"的范围有可能略大于"1小时左右时距"，因此实际操作中应因地制宜。

综上所述，我国"都市圈"的界定标准为：拥有一个人口规模在100万以上的中心城市或省会城市，且邻近100千米左右半径的范围内至少有1个中等规模以上（50万人口以上）的城市和多个小城市，城市之间经济联系密切、交通网络完善。以2个或2个以上相连的都市圈为主体的城镇密集区为大都市圈。大都市圈密集发展的地区可以形成特大都市圈，如我国长三角、珠三角、环渤海都市圈三大都市圈为特大都市圈。

（二）都市圈的空间特征

1.都市圈功能的整合性

都市圈是以大都市为核心，通过经济辐射和吸引，带动周围城市和乡村联动发展，以形成一体化的生产和流通经济网络。中心城市一般具有较高的首位度，以中心城市为核心组织周围城市乡村协调分工是都市圈整体优势确立与和谐运作的基础。在日常都市圈范围内，重点是围绕中心城市的日常生活、生产与环境职能，构筑一个完整的城市性功能体。在大都市圈范围内，建立独立的产业体系是实现大都市圈战略的核心。如日本的大阪大都市圈组合成了"商业的大阪、港口的神户、文化的京都"的职能协调体系。

2.都市圈的内聚性

都市经济圈的内聚性是指都市经济圈内的中心城市和周围地区及圈外其他地区之间的吸引与辐射程度，都市经济圈内的中心城市应具有较强的极化和扩散效应。这种极化作用不仅表现为人口和生产的高度集中，更主要地表现为资金融通、中枢管理、商品流通等服务活动的高度集聚。如目前上海市金融机构总资产已占全国金融总资产的1/13，并实现了从服务本地经济到集聚资金辐射周边地区的新跨越，为21世纪初叶上海成为国际资本集散中心、国际国内投融资中心、金融活动交易中心、金融信息中介服务中心奠定了基础。

3.都市圈的依存性

都市经济圈是一个非均衡系统，并不能封闭地、孤立地运行和发展，而必须不断地与外界进行经济能量——商品和生产要素的交换，才能产生自组织功能，使圈域经济的运转走上协调、有序的轨道。都市圈的依存性包括圈域内和圈域外2个方面。如能源资源不足是长江三角洲都市圈发展面临的主要矛盾：浙江省能源资源自给率极低，每年运入的煤炭和石油达数千万吨；浙江省每年输入的粮食约500万~600万吨；上海市的主要农副产品（如粮食、蔬菜、水果等）在很大程度上依赖于市外供给，仅浙江省嘉兴市每年就向上海市输送生猪42万头、蔬菜10万吨、水果8万吨、水产品1万吨、家禽加工品0.2万吨。蚕茧、棉花、烟叶等农产品原料的圈内需求满足度也较低，需要由圈外地区补给。

4.都市圈空间网络化

交通运输网络、商贸网络、信息网络、企业网络、旅游网络、城镇网络等的建设和完善，都是都市经济圈形成的重要特征。以交通运输网络化为例，一个成熟的都市经济圈不仅内部有发达的铁路、公路、水运和通信网络将各大小城市联为一体，还通过海港、国际航空港和现代化信息港与其他地区发生密切联系，参与国际分工和国际竞争。

5.都市圈行政关系的复杂性

都市圈空间内城镇连绵成片，跨多个行政主体，其发展涉及不同层级政府或发展主体之间、同级政府之间的权利互动关系，而形成这些多元利益主体的基本原因是行政区划的分割。行政区划分割造成了"行政区经济"。而近10年来我国的权力下放使大量的决策权和公共开支从中央政府向地方政府转移，由于地方政府决策范围扩大，运用政策杠杆、经济杠杆增多，因此"行政区经济"愈演愈烈。

（三）我国几个重要的都市圈

目前，我国已形成若干都市经济圈的雏形，包括内地的长株潭都市圈、大武汉都市圈、成渝都市圈和关中都市圈，以及沿海的海西都市圈、东北都市圈等，但发育比较成熟的还是长三角、珠三角和环渤海都市圈三大都市圈。

1.长三角都市圈

长三角都市圈以上海为核心，以南京—上海—杭州3市间连线为主轴，包括无锡、常州、苏州、宁波、绍兴等江、浙、沪3省市共15个城市，是中国经济实力最强、人口最多的都市圈。长三角地区拥有密集的人口、良好的农业基础、强大的经济技术综合实力、全国最大的经济中心上海市和面向国内外两大市场的有利区位。长三角地区占全国土地的1%，人口占全国人口的5.8%，创造了18.7%的国内生产总值、全国22%的财政收入和18.4%的外贸出口。目前，世界500强企业已有400多家在这一地区落户。

2.珠三角都市圈

珠三角都市圈包括广州、深圳、珠海等12个城市和地区。面积24437平方千米，人口4283万人，占广东省人口的61%。2019年珠三角GDP达到8.68万亿，占全国8.7%左右。珠三角比邻港澳，具有地缘、亲缘优势，在国内率先实施对外开放政策，是我国经济发展水平最高、外资投入最大、外来人口比重最大的地区。该区域外向型经济特征明显，以国际市场为导向，以国内市场为依托，迅速成为世界的"制造工"。

3.环渤海都市圈

环渤海都市圈包括以辽东半岛、山东半岛、京津冀为主的环渤海滨海经济带，同时辐射山西、辽宁、山东及内蒙古中东部，约占中国国土的12%和人口的

20%。目前该区域的经济总量占了全国GDP的8.5%，对外贸易占到全国的25%。目前环渤海经济圈已经形成了以高新技术产业、电子、汽车、机械制造业为主导的产业集群。环渤海地区处于东北亚经济圈的中心地带，具有独特的地缘优势，为环渤海区域经济发展、开展国内外多领域的经济合作提供了有利的环境和条件。近年来随着天津滨海新区的设立，这里成为海内外客商新的投资热点地。

4.成渝都市圈

成渝都市圈以成都、重庆2个特大城市为龙头，包括了四川绵阳、德阳、乐山等14个沿高速公路、铁路、黄金水道的城市和重庆"1小时经济圈"的23个区县，面积15.5万平方千米，人口8000多万，GDP近9000亿元约占全国的5%。该区域是中国西部经济最为发达、城市化水平最高的区域。近年来随着成都、重庆城乡统筹综合配套改革试验区的设立，该区域中国西部经济高地的地位进一步被强化。

第二节　城市总体规划

一、城市空间概念及类型

（一）城市空间概念

城市空间是城市经济社会存在和发展的空间形式，是人类繁衍生息、创造财富、变革求新的重要场所，是在城市漫长的发展过程中逐步形成的。

城市空间结构是城市范围内经济社会的物质实体在空间上形成的普遍联系的体系，是城市经济结构、社会结构的空间投影。它的主要形式包括物质实体的空间密度、空间布局和空间形态。

1.空间密度

城市空间密度与城市经济发展有着密切的关系，城市经济的顺利发展，客观上需要一个与其发展相适应的合理空间密度。在这个合理密度的最佳值形成以前，城市物质空间密度的增加与经济效益的提高成正比；在此以后，密度的继续增加与经济效益的提高成反比。

2.空间布局

城市经济与人文是社会物质运动的基础，直接受城市物质空间布局的影响。合理的城市空间布局，可以缩短人、物、资金、能源、信息的流动时间和空间，提高经济效益，反之则会降低经济效益。

3.空间形态

城市空间形态是城市空间结构的整体形式，是城市内部空间布局密度的综合反映，是城市平面和立体的形状表现。

（二）城市空间结构类型划分

由于城市空间结构对城市的形成与发展至关重要，所以，有关城市空间形态结构的研究历来受到城市与城市规划理论研究的重视，并得出从不同角度出发看待城市结构的研究成果。伯吉斯（Burgess）的同心圆理论、霍伊特（Hoyte）的扇形理论以及哈里斯（Harris）与乌尔曼（Ullmann）的多核心理论就是从城市土地利用形态研究入手所归纳出的城市结构理论。这3个有关城市土地利用的理论分别从市场环境下城市的生长过程、特定种类的土地利用（居住用地）沿交通轴定向发展、大城市中多中心与副中心的形成等方面揭示了城市土地利用形态结构的形成和发展规律。

1.城市的形态分析内容

考斯托夫（Kostoff）在《城市的形成——历史进程中的城市模式和城市意义》中，通过对历史城市结构的分析，将城市的形态分为以下内容。

（1）有机自然模式。

（2）网格城市。

（3）图形式城市。

（4）壮丽风格的城市。

2.类型

而凯文·林奇（Kevin Lynch）在《城市形态》中更试图从城市空间分布模式的角度，将城市形态归纳为10种类型。

（1）星城。

（2）卫星城。

（3）线性城市。

（4）方格网形城市。

（5）其他格网形。

（6）巴洛克轴线系统。

（7）花边式城市。

（8）"内敛式"城市。

（9）巢状城市。

（10）想象中的城市。

3.城市的结构形态分型

赵炳时教授在分析国内外城市结构分类方法后，提出了采用总平面图解式的形态分类方法，并将城市的结构形态归纳如下。

（1）集中型。

（2）带型。

（3）放射型。

（4）星座型。

（5）组团型。

（6）散点型。

从以上不同的城市结构形态理论及类型化分析中可以看出：从不同研究角度出发所归纳出的城市结构类型不尽相同，并不存在一个普遍适用的分类标准。同时，现实中的城市结构受城市所处地形条件、经济发展水平、现状、形态等客观条件的制约，以及不同时期的城市发展政策、土地利用管理体制的变化、城市规划内容的变化等主观因素的影响，呈现出多样化的趋势。

此外，在城市发展的不同阶段，不同规模的城市，甚至在研究大都市圈的城市结构时所选择的空间范围不同，均有可能归纳出不同的形态结构。

二、城市总体规划中的空间策略

（一）影响城市空间布局的因素

城市空间布局是各种城市活动在空间上的投影。城市布局反映了城市活动的内在需求与可获得的外部条件。影响城市总体布局的因素涉及城市自然环境、经济与社会发展、工程技术、空间艺术构思以及政策等诸多因素，但最终要通过物质空间形态反映出来。因此，在考虑城市总体布局时，既需要认真研究对待非物质空间的影响因素，又要将这些要素体现为城市空间布局。影响城市总体空间布局的因素众多，一般可以分成以下几个方面。

（1）自然环境条件。

（2）区域条件。

（3）产业发展。

（4）城市中心。

（5）交通体系。

（二）我国城市总体规划案例

1.北京（星座型）

随着北京城市规模的不断扩大，北京老城已不堪重负，北京的总体规划中提出了跳跃式卫星城的发展模式，以缓解因中心城的盲目扩张带来的发展压力。未来北京将由北京中心城区和周边海淀、顺义、石景山、通州、亦庄6个新城组成。

2.重庆（组团型）

山地地形决定了重庆城市的空间布局类型。其主要由渝中、观音桥、沙坪坝、南坪、大渡口、蔡家、西永、茶园、两路、鱼嘴等16个组团组成。

3.深圳（带型+组团型）

最早深圳的发展沿深南大道开始，形成了东西向带状城市空间布局。但随着城市的快速扩张，深南大道沿线的用地已经用完，于是城市开始跳跃式地在不同区域形成多个城市新组团。主要包括：福田中心、龙岗组团、盐田组团、龙华组团、光明新城等。

4.合肥（块状型+轴线）

由于城市规模不大，因此合肥城市的发展围绕护城河开始，圈层均衡式地扩展，形成了摊大饼式的块状发展格局。但随着城市的不断扩展，块状空间格局也将逐步被打破，向块状+轴线的趋势发展。

第三节　城市设计

一、城市设计的空间概念

城市设计是在城市总体规划的指导下，基于城市用地功能布局，所提出的三维物质空间形态设计。城市设计是在人类对城市的感观与城市空间的客观存在之间建立联系，目的在于创造形式优美、尺度宜人、适宜人类生活使用的城市空间。

城市设计应该包括以下因素。

（1）城市设计是一种人的主观意志的反映，包括意志的形成和意志的实现。

（2）城市设计以物质空间为对象，侧重于外部空间形态以及构成外部空间形态要素之间的协调。

（3）城市设计思想或者意图存在于不同的空间层次中，其专业领域介于城市规划与建筑设计之间，在空间范围上贯穿于从整体到局部的不同范围和尺度。

二、城市设计的空间层次

根据城市设计对象的空间范围和尺度的不同，城市设计可以划分为不同的空间层次。不同空间层次的城市设计的关注点、设计内容、采用的手段及设计成果也不同。由于城市设计所追求的是城市的物质空间形态，因此其涉及对象越具体、空间范围越确定就越容易把握，越容易落实。

（一）总体城市设计（宏观层次）

总体城市设计内容包括在一定区域内的城镇分布，城乡一体化规划与景观设计，城市的格局与形态、功能组团、环境保护、基础设施、分区特色与舒适的环境、土地利用与活动场所等。城市设计的宏观层次内容与城镇体系规划相辅相成，不过总体城市设计更注重于城市的关键性特征与自然景观的构成，注重城市开发建设对自然景观、文化或社会经济资源的物质的和视觉质量的直接与间接影响。总体城市设计的实施需要较长期的过程，虽然其效果不如局部的城市设计那样直观、易于实施和被公众接受，但其在城市空间形态形成过程中的作用是中、微观城市设计所无法取代的。而且，由于总体城市设计对城市空间形态的形成更具战略意义，对城市整体的影响是决定性的，因此其工作的技术难度也更大。

美国纽约曼哈顿地区、旧金山市在20世纪60年代末至70年代初所进行的城市设计以及美国华盛顿在新世纪之交进行的城市结构战略研究都可以看作是总体城市设计的实例。

（二）详细城市设计（中观层次）

详细城市设计是在中观层次对涉及较大空间范围和带有空间结构性设计内容的城市设计，如城市中心区、重点地区、滨水地区以及新开发城市社区等。详细城市设计内容包括用地布局、建筑设计、街道和路网格局、视线走廊、连接度与整体性、体量与高度、地标物、开敞空间和公园、人行道与步行系统的连接等内容。详细城市设计内容与城市总体或分区规划相辅相成，不过详细城市设计主要关注开发建设对自然景观的物质的和视觉质量的直接与间接影响、人工建造物的适宜性和视角的关系、对光和空气的穿透性影响、与步行道格局的协调性、与城市整体立面轮廓和体量的协调性、与地方传统的协调和对周围环境的影响等。

（三）城市环境设计（微观层次）

城市环境设计的对象空间更为狭小和具体，可能是一个广场或一个建筑组群。设计内容包括建筑物的人的尺度、街道陈设、材质颜色和纹理、过渡的处理、广告和标志、街道景观等。微观层次的城市设计与详细城市设计相辅相成。在对微观层次城市设计进行评价时，自然方面主要关注功能上的适宜性；人造方面关注街道结构和功能的适宜性、良好的步行环境、建筑物的人的尺度、对人们生活质量的提高、空间的创造等。

三、城市设计的空间要素

（一）土地利用

土地利用包括土地使用性质、强度和形态，是城市设计的基础和决定性因素。城市设计侧重于对土地使用复合性、整体性和立体化的研究，集中体现了城市设计的学科特征。

1.土地使用的复合性

在当代城市中，各种城市功能之间不是相互独立的，而是存在紧密的联系的，这也是城市生活多向性、多元化的必然体现。功能之间的相互整合，将体现出"整体大于部分之和"的集聚效应，激发出城市更大的发展潜能，充分利用有限的城市土地资源，发挥出城市土地的发展潜力。

2.土地使用的整体性

土地使用的整体性是指综合研究不同城市区块之间的整体关系，结合城市公共空间、历史保护、人际交往、城市景观等方面的整体要求，促进城市土地使用的高效率。在城市设计的具体操作中，可以根据土地使用的整体性要求对城市规划制定的土地使用原则和技术指标进行必要的调整。

3.土地使用的立体化

土地使用的立体化包含两方面的含义。

（1）立体化的城市开发行为不但使城市向空中发展，更向地下延伸，体现出一种三维和立体的特征。城市设计必须对这样一种现象进行研究，提出相应的策略。

（2）在研究城市土地使用时，要同城市的三维形态结合起来，研究抽象的城市规划指标，如容积率、覆盖率、建筑高度控制等与城市形态和城市空间环境之间的相互关系。并结合城市三维立体形态和空间环境发展的要求，对城市土地的使用提出相应的要求，包括对开发强度、建筑密度、建筑布局等做出相应的调整，从而把抽象的土地使用指标同城市空间环境建设的具体要求联系起来。

（二）公共空间

城市公共空间由城市街道、城市广场、城市公园、建筑内部和地下公共空间等空间单元构成。城市空间一体化是当代城市设计的研究重点，它要应对当代城市形态和空间环境发展中要素分离、城市空间环境缺乏整体性等突出问题。城市空间一体化，从城市空间的一般意义而言，是指城市外部空间、建筑内部公共空间和地下空间等的一体化；从城市公共空间的构成单元而言，是指城市街道、广场、公园等城市空间构成单元的体系化。

城市公共空间的一体化建立在城市公共空间系统构成认识的基础上，强调对城市公共空间构成单元的系统化研究和城市公共空间内部城市构成要素的综合处理，以促成城市公共空间的整体性和城市公共空间使用的高效率，发挥公共空间体系的总体效益。克里斯托弗·亚历山大（Christopher Alexander）在《城市设计的新理论》（*A New Theory of Urban Design*）中认为：由于当代城市功能的复杂化、建设的分散性等，城市规划设计很难做到东西方古代城市体现的绝对的整体美，但在城市局部地区形成相对统一、完整和有特色的城市公共空间体系，从而使城市在整体上带有一定的多样性，还是应该努力追求的。具体来看，城市公共空间一体化包括以下3点。

（1）城市地面、地上、地下空间的一体化，即城市空间的立体化。

（2）城市外部空间与建筑空间的一体化。

（3）城市交通空间与其他城市公共空间的一体化。

（三）交通

作为城市运作的命脉，城市交通体系影响着城市运作的机能和效率。城市交通的引入会导致公共空间性质的转变和城市公共空间的组成单元之间关系的变化。

从城市交通体系的构成要素来看，它包括交通流线和交通节点。交通流线是城市中物质和人流动的线路；交通节点主要是指城市交通起止点和交通转换点，如公交枢纽、地铁车站、汽车站、出租车站等。从城市交通网络内部运行的元素来看，主要包括车和人两部分。

城市交通的体系化是城市设计中交通体系研究的重点，主要包括以下方面。

（1）某种城市交通方式内部的体系化研究，即完善某种城市交通方式内部的运作体系。如公共汽车交通体系布线与站点设置的体系化研究、城市轨道交通布线与站点设置的体系化研究、自行车线路的合理布局、步行流线与人流集散的体系化等。城市规划和城市交通学在这方面已有很丰富的研究成果可资借鉴。

（2）不同交通方式之间的体系化研究。这是城市交通体系化的重点。世界各国城市交通建设和发展的大量实践经验表明，必须建立各种城市交通方式之间良好的接驳与换乘关系，只有把城市交通的各种方式（如轨道交通、公共汽车、小汽车、自行车、步行等）有序地组织在一起，才有可能使城市交通体系体现出"1+1＞2"的系统特征。

城市交通综合体是以城市交通节点为核心形成的重要的"环节建筑"。它作为其所处城市环境区段中的一个开放性环节，除了完成自身特定的功能外，还综合了其他城市职能。如在当前城市建设实践中出现的不少航空港、火车站、公交始末站等都带有城市交通综合体的特征。它们不但承担本身的交通职能协调解决交通集散的问题，而且融合了各种城市功能空间，如餐饮、娱乐、住宿等。在这些建筑的内部和周边地带，铁路、公共汽车、航空运输、出租车、步行等各种交通方式之间紧密衔接，对于建立完善的城市交通体系、保证城市交通系统的高效运作具有十分重要的意义。

（四）城市景观

一般认为，城市设计景观体系的构成要素主要是指城市中的实质景观要素，包括以下几点。

（1）城市自然景观要素，如城市总体地形地貌、城市水体、城市绿化等。

（2）城市人工景观要素，如建筑形式与体量、城市环境设施与小品等。

也有学者认为，城市景观构成要素还应包括"活动景观"要素，主要是指基于各种城市公共活动而形成的城市活动景象，如休闲活动、节庆活动、交通活动、商业活动、观光活动等。"活动景观"的概念对于全面认识城市空间环境的塑造和构成具有一定借鉴意义，它把城市行为的研究同城市空间体系的研究结合起来，而在城市设计景观体系的研究中则注重三维视觉形态方面，这更符合对城市设计要素（即研究对象）的整体分类，也使得对城市景观的研究处在一个界定相对明确的研究视野中。

城市设计景观体系的研究着重于对一系列的城市景观构成要素的系统构成关系以及对塑造城市总体意象形态的作用的研究。根据城市景观要素的不同系统构成关系，形成了城市总体轮廓、城市天际线、城市地标、城市视觉轴线、城市绿化体系等子系统。

第四节　居住区规划

一、居住区规划空间概念

（一）居住区的分级、规模与特点

为了确保城市居民基本的居住生活环境，经济、合理、有效地使用城市土地和空间，提高居住区的规划设计水准，我国在《城市居住区规划设计标准》（GB 50180—2018）中将居住区分为4级，并通过人口规模来界定。

1.15分钟生活圈居住区

以居民步行15分钟可满足其物质与生活文化需求为原则划分的居住区范围；一般由城市干路或用地边界线所围合，居住人口规模为50 000～100 000人（约17 000～32 000套住宅），配套设施完善的地区。

2.10分钟生活圈居住区

以居民步行10分钟可满足其基本物质与生活文化需求为原则划分的居住区范围；一般由城市干路、支路或用地边界线所围合，居住人口规模为15 000～25 000人（约5 000～8 000套住宅），配套设施齐全的地区。

3.5分钟生活圈居住区

以居民步行5分钟可满足其基本生活需求为原则划分的居住区范围；一般由支路及以上级城市道路或用地边界线所围合，居住人口规模为5 000～12 000人（约1 500～4 000套住宅），配建社区服务设施的地区。

4.居住街坊

由支路等城市道路或用地边界线围合的住宅用地，是住宅建筑组合形成的居住基本单元；居住人口规模在1 000～3 000人 (约300～1 000套住宅，用地面积2公顷～4公顷)，并配建有便民服务设施。

（二）住宅—居住区—城市的空间关系

我国《城市居住区规划设计标准》（GB 50180—2018）中提出了用地配置参考数据，见表1-1、表1-2、表1-3、表1-4。

表1-1　15分钟生活圈居住区用地控制指标

建筑气候区划	住宅建筑平均层数类别	人均居住区用地面积（m²/人）	居住区用地容积率	居住区用地构成（%）				
				住宅用地	配套设施用地	公共绿地	城市道路用地	合计
Ⅰ、Ⅶ	多层Ⅰ类（4～6层）	40～54	0.8～1.0	58～61	12～16	7～11	15～20	100
Ⅱ、Ⅵ		38～51	0.8～1.0					
Ⅲ、Ⅳ、Ⅴ		37～48	0.9～1.1					
Ⅰ、Ⅶ	多层Ⅱ类（7～9层）	35～42	1.0～1.1	52～58	13～20	9～13	15～20	100
Ⅱ、Ⅵ		33～41	1.0～1.2					
Ⅲ、Ⅳ、Ⅴ		31～39	1.1～1.3					
Ⅰ、Ⅶ	高层Ⅰ类（10～18层）	28～38	1.1～1.4	48～52	16～23	11～16	15～20	100
Ⅱ、Ⅵ		27～36	1.2～1.4					
Ⅲ、Ⅳ、Ⅴ		26～34	1.2～1.5					

表1-2　10分钟生活圈居住区用地控制指标

建筑气候区划	住宅建筑平均层数类别	人均居住区用地面积（m²/人）	居住区用地容积率	居住区用地构成（%）				
				住宅用地	配套设施用地	公共绿地	城市道路用地	合计
Ⅰ、Ⅶ	低层（1～3层）	49～51	0.8～0.9	71～73	5～8	4～5	15～20	100
Ⅱ、Ⅵ		45～51	0.8～0.9					
Ⅲ、Ⅳ、Ⅴ		42～51	0.8～0.9					
Ⅰ、Ⅶ	多层Ⅰ类（4～6层）	35～47	0.8～1.1	68～70	8～9	4～6	15～20	100
Ⅱ、Ⅵ		33～44	0.9～1.1					
Ⅲ、Ⅳ、Ⅴ		32～41	0.9～1.2					
Ⅰ、Ⅶ	多层Ⅱ类（7～9层）	30～35	1.1～1.2	64～67	9～12	6～8	15～20	100
Ⅱ、Ⅵ		28～33	1.2～1.3					
Ⅲ、Ⅳ、Ⅴ		26～32	1.2～1.4					
Ⅰ、Ⅶ	高层Ⅰ类（10～18层）	23～31	1.2～1.6	60～64	12～14	7～10	15～20	100
Ⅱ、Ⅵ		22～28	1.3～1.7					
Ⅲ、Ⅳ、Ⅴ		21～27	1.4～1.8					

表1-3　5分钟生活圈居住区用地控制指标

建筑气候区划	住宅建筑平均层数类别	人均居住区用地面积（m²/人）	居住区用地容积率	居住区用地构成（%）				
				住宅用地	配套设施用地	公共绿地	城市道路用地	合计
Ⅰ、Ⅶ	低层（1～3层）	46～47	0.7～0.8	76～77	3～4	2～3	15～20	100
Ⅱ、Ⅵ		43～47	0.8～0.9					
Ⅲ、Ⅳ、Ⅴ		39～47	0.8～0.9					
Ⅰ、Ⅶ	多层Ⅰ类（4～6层）	32～43	0.8～1.1	74～76	4～5	2～3	15～20	100
Ⅱ、Ⅵ		31～40	0.9～1.2					
Ⅲ、Ⅳ、Ⅴ		29～37	1.0～1.2					

续表

建筑气候区划	住宅建筑平均层数类别	人均居住区用地面积（m²/人）	居住区用地容积率	居住区用地构成（%）				
				住宅用地	配套设施用地	公共绿地	城市道路用地	合计
Ⅰ、Ⅶ	多层Ⅱ类（7～9层）	28～31	1.2～1.3	72～74	5～6	3～4	15～20	100
Ⅱ、Ⅵ		25～29	1.2～1.4					
Ⅲ、Ⅳ、Ⅴ		23～28	1.3～1.6					
Ⅰ、Ⅶ	高层Ⅰ类（10～18层）	20～27	1.4～1.8	69～72	6～8	4～5	15～20	100
Ⅱ、Ⅵ		19～25	1.5～1.9					
Ⅲ、Ⅳ、Ⅴ		18～23	1.6～2.0					

表1-4　居住街坊用地控制指标

建筑气候区划	住宅建筑平均层数类别	住宅用地容积率	建筑密度最大值（%）	绿地率最小值（%）	住宅建筑高度控制最大值（m）	人均住宅用地面积最大值（m²/人）
Ⅰ、Ⅶ	低层（1～3层）	1.0	35	30	18	36
	多层Ⅰ类（4～6层）	1.1～1.4	28	30	27	32
	多层Ⅱ类（7～9层）	1.5～1.7	25	30	36	22
	高层Ⅰ类（10～18层）	1.8～2.4	20	35	54	19
	高层Ⅱ类（19～26层）	2.5～2.8	20	35	80	13
Ⅱ、Ⅵ	低层（1～3层）	1.0～1.1	40	28	18	36
	多层Ⅰ类（4～6层）	1.2～1.5	30	30	27	30
	多层Ⅱ类（7～9层）	1.6～1.9	28	30	36	21
	高层Ⅰ类（10～18层）	2.0～2.6	20	35	54	17
	高层Ⅱ类（19～26层）	2.7～2.9	20	35	80	13

续表

建筑气候区划	住宅建筑平均层数类别	住宅用地容积率	建筑密度最大值（%）	绿地率最小值（%）	住宅建筑高度控制最大值（m）	人均住宅用地面积最大值（m²/人）
Ⅲ、Ⅵ、Ⅴ	低层（1～3层）	1.0～1.2	43	25	18	36
	多层Ⅰ类（4～6层）	1.3～1.6	32	30	27	27
	多层Ⅱ类（7～9层）	1.7～2.1	30	30	36	20
	高层Ⅰ类（10～18层）	2.2～2.8	22	35	54	16
	高层Ⅱ类（19～26层）	2.9～3.1	22	35	80	12

二、居住区规划空间层次

居住区的空间可分为户内空间和户外空间两大部分。就居住区规划设计而言，主要是对户外空间形态和层次的构筑与布局进行规划。

在居住区户外空间塑造中，若不考虑尺度的影响（居住建筑尺度具有一定的同质性和确定性），至少应有3个层次的限定。

第一层次的限定：空间的形式或类型，可抽象为实体对空间的限定或围合方式。通常有平行的行列式、半周边围合式、周边围合式、点条结合式等多种形式。第一层次的限定也可称为"外围的空间"，是居住区外部空间中处于宏观层面的要素。

第二层次的限定：指空间的界面特征，特别指上述第一层次限定中，某一种空间形式的内部界面特征，如建筑的材质、色彩、细部构造、体量穿插、光影变化等。该层次空间限定的介入，极大地丰富了空间的内涵，形成了特定的空间氛围，使空间成为具有某种精神和意义的场所。并且由于其与空间中人的活动密切相关，因此其对人的空间感受的影响十分强烈。在这种情况下第一层次的空间限定被大大弱化。

第三层次的限定：指植物、小品、铺装、灯具等环境要素。一般而言，它们是最接近人的空间元素。人们对其可触、可闻、可观、可感，因而它们所形成的空间感受也更加强烈。相对于更大范围的空间环境，人们往往更关注自己身边的事情。例如大家对居住区中心绿地往往并不十分关注而对自家门前的一盏灯、一丛花草、一片铺装都十分在意。因为人们每天上班、下班都会经过它们、看到它们，而它们也时时都在影响着人们的心情。另外，如前所述第三层次的限定，可以改变"外围的空间"的限定形式。换言之，人们直接感受到的是与自身紧密相关的身边的小环境，以此形成的空间体验构成了对该空间性质的基本判断，而更大尺度的外围空间则往往被忽略。

第五节　城市环境设计

一、城市环境设计目的与内容

城市环境设计要适合于所设计环境的功能并满足人在该环境中的活动需求，使所设计的环境达到舒适、美观、安全、卫生、方便、愉悦，有助于提高人们工作或休息的效率，并有利于引导人们的善行和抑制不良行为，以创造对人们更积极而有意义的人为环境，从而改善空间质量，提高人的生活质量。通俗地讲，就是设计一个使人们向往的、积极的、令人愉快的城市空间环境。

城市环境设计是指城市中被限定的建筑的室外三维空间的规划与设计。城市环境设计主要包括以下几个方面设计内容。

（1）建筑周围的空间。

（2）建筑与建筑之间的空间。

（3）城市各类交往与集散广场。

（4）城市道路旁、海边小型或连续景观与休憩环境。

（5）各类自由出入的小型公园、街头绿地。

从以上内容可以看出，城市环境设计与建筑、城市规划和行为科学有着紧密的联系，它不是孤立存在的，是建筑单体空间向整个城市大空间的过渡，是城市日常生活交往的场所，也是城市重要的形象展示空间。

二、城市环境设计主要类型

（一）城市广场设计

在我国城市建设高速发展的今天，迅速增多的城市广场引起了人们的关注。城市广场正在成为城市居民生活的一部分，它的出现被越来越多的人接受，它为我们的生活空间提供了更多的物质线索。城市广场作为一种城市环境建设类型，它既承袭传统和历史，又传递着美的韵律和节奏。它是一种公共艺术形态，也是一种城市空间构成的重要元素。

在当今城市广场在规划中存在的问题的有关评论中，有一种意见较为突出，即认为我国的城市广场正陷入雷同的误区。有人将这种现象称作"广场八股"现象，还有人这样概括："当今的广场低头是铺装（加草坪），平视见喷泉，仰脸看雕塑，台阶加旗杆，中轴对称式，终点是机关。"虽然是简单的几句话，但透露出了城市广场在规划中存在的问题。

（1）"长官意志"影响城市广场的结果，使它背离了广场的本质，与百姓产生了距离。

（2）广场背弃了城市历史、文化的背景，丧失了广场设计和独特的风格。大城市追西方，中小城市追大城市，互相模仿攀比，致使一个个广场大同小异。

（3）城市广场脱离所处的周围环境，在整体的空间尺度上比例失调。

（4）城市广场交通组织不协调，导致广场功能降低。

（二）道路环境设计

道路环境设计是城市环境中不可缺少的一个重要组成部分，道路环境设计的好坏直接影响着整个城市的形象。道路景观环境由景观建筑、景观植物、景观灯光、景观街具等系统所组成。从物质属性上来说，道路环境是城市总体环境的"骨架"和"脉络"；从精神属性上来说，道路环境是影响人们对于城市印象做出评判的第一要素。

城市道路景观环境包括自然景观与人文景观两部分。城市道路作为人们认识城市的主要视觉场所和感受城市景观环境的重要通道，对于景观的要求，不同的人群有着不同的要求，机动车辆、非机动车辆及行人由于速度的不同，对景观的关注点不同。道路环境设计的基本原则包括以下几点。

1.功能与景观的统一

城市道路是为城市客货运提供便捷的、安全的交通运输通道的基础设施,其主要功能是满足各种交通的需要。所有景观因素均要在道路功能正常的前提下,即交通顺畅的前提下才谈得上。如何做到使城市道路在具有很好的交通功能前提下,同时具有一定的环境功能要求?此时,道路环境功能设计显得十分迫切,景观环境则成为在满足交通功能的前提下的延伸和发展。实现城市道路功能与景观的统一,能使城市道路从具有单一的交通功能进化为兼存景观、交通、休憩的多元化载体。

2.根据不同道路性质确定环境景观设计

城市道路网由不同性质的城市道路组成,道路性质的不同决定了道路中交通流的组成不同,其交通功能要求、位置及宽度亦不同,它所形成的道路景观环境特点也不一样。城市快速路中的交通流属于连续流,速度普遍较快,道路使用者的视野是连续的、动态的,景观设计应是大手笔的,应体现景观序列的节奏感和韵律感;城市主干道的交通流基本属于间断流,中央分隔带、侧分带中的景观设计也应以中速车流考虑,体现节奏感,同时也要照顾非机动车流和行人,而道路两边的景观设计则应以慢速车流和行人为主,景观设计应更为细腻;城市次干道及城市支路的交通组成主要为非机动车和行人,交通流基本属于连续流,同时又是慢速交通流,景观设计应更细腻,体现区域环境的特点。居住区道路应与地形、地物相适应,不拘泥于一定的几何形式,景观设计应使景色富于变化,营造优美舒适的居住氛围。商业步行街一般实行交通管制,人们可以自由漫步,有充足的时间来品味道路的景观,景观的表现手法应是精致的。商业步行街与街心广场、绿地花坛、水池喷泉、小品雕塑相结合,并设置供人们休憩用的座椅等服务设施,可增添生活情趣和人们对环境的舒适感与亲切感。

3.与城市环境的协调

城市道路的景观设计不仅应与城市整体规划相适应,同时还要求各个景观元素组成的街景统一协调,与城市自然景色、历史文物以及周边建筑有机地联系在一起,把道路与城市环境作为一个环境整体加以考虑。道路的环境氛围营造应符合区域城市空间属性,道路环境色彩应与周边建筑色彩相协调,道路附属设置应满足周边城市功能需求。

（三）街头绿地设计

由于我国城市化进程快速发展，城市建筑日趋密集，因此欲在建成区内开辟大面积、多功能的公园，可能性较小。而街头绿地能充分利用城市零星空地见缝插绿，并且其占地少、投资小、见效快、实施可行性大，因而成为城市环境中人类与自然亲近、人与人交流的重要场所，也是城市形象的重要表现之处。

街头绿地的设计原则有以下几个方面。

（1）因地制宜、形成特色：街头绿地的设计要充分利用当地的自然条件，做到与周围环境相互协调、相互依托、互为借用，构成整体和谐美。

（2）不同位置注重不同的侧重功能：街头绿地的主要功能应结合区域城市功能体现，如在居住区则应满足居民日常生活休憩、健身活动需求；在商业区则应在景观营造、展示城市形象上有突出表现。

（3）以绿为主、四季有景：街头绿地主要依靠植物造景，用分层布局和混合种植的方法创造出四季景观。

（4）注重观景效果与生态效果相协调：街头绿地植物配置在注重景观的同时，也要注重绿地的生态效果，改善区域小环境。

第二章　城市轨道交通线网规划

第一节　城市总体规划与轨道交通线网规划

城市总体规划是确定一个城市的性质、规模、发展方向以及制订城市中各类建设的总体布局的全面环境安排的城市规划，属于城市规划的宏观战略部分。城市规划是对一定时期内城市的经济和社会发展、土地利用、空间布局以及各项建设的综合部署、具体安排与实施管理。城市总体规划的主要任务是，综合研究和确定城市性质、规模及空间发展形态，统筹安排城市各项建设用地，合理配置各项基础设施，处理好远期发展与近期建设的关系，指导城市合理发展。

城市综合交通规划是将城市对外交通和城市内的各类交通与城市的发展及用地布局结合起来进行系统性综合研究的规划。通过城市综合交通规划，可以论证以下几个方面来确定城市轨道交通分担率的合理目标值。

（1）不同规模的小汽车使用量对城市轨道交通分担率的影响。

（2）不同道路网规模对城市轨道交通分担率的影响。

（3）能源价格变化对城市交通分担率的影响。

（4）交通环境容量限制和土地资源限制对城市轨道交通分担率的影响。

（5）远期规划人口变化对城市轨道交通分担率的影响。

（6）城市主要客流集散点和城市主要客运交通走廊对城市轨道交通分担率的影响。

城市轨道交通作为城市重大基础设施，其规划和建设要遵从城市总体规划。拟建设城市轨道交通项目的城市，应编制城市轨道交通线网规划，作为城市总体规划的支持文件。城市轨道交通线网规划的规划期限应分为2期，近期年限应与城市总体规划年限保持一致，远期应基于城市总体规划意图下城市的合理发展远景，保持规划的适度超前。城市轨道交通线网规划还应与城市综合交通体系规划、城市公共交通专项规划相协调，与城市的经济发展、环境保护、防灾减灾和人民生活水平相协调，充分发挥城市轨道交通的骨干作用。

第二节　城市轨道交通基本建设程序

城市轨道交通项目建设必须严格执行国家基本建设程序，现行基本建设工作程序包括以下环节。

（1）线网规划。

（2）线网近期建设规划。

（3）项目可行性研究。

（4）工程勘察设计。

（5）工程施工。

（6）试运行。

（7）试运营。

（8）竣工验收。

（9）项目后评价。

其中线网规划、线网近期建设规划、项目可行性研究、工程勘察设计、试运营应依据国家有关法规取得相关政府授权部门的审批或许可。

建设规划编制的主要目的是在一轮的建设过程中，明确远期目标和近期建设任务，以及相应的资金筹措方案，控制好轨道交通建设的节奏，依据城市的发展和财力情况量力而行，有序发展。轨道交通建设规划编制的主要内容是确定近期建设的线路以及线路建设的时序、线路修建的必要性。做建设规划的同时还要做好用地控制性详细规划、沿线土地利用规划、交通一体化和交通衔接规划等下位规划工作，确保对轨道交通沿线用地进行较好的控制。

城市轨道交通项目可行性研究阶段应编制客流预测专题报告，应依据项目具体情况和国家相关法规规定进行环境影响评价、地质灾害评估、地震安全性评估、土地预审、安全预评价、抗灾设防专项论证等专题研究报告，作为项目可行性研究报告的支持性文件。

城市轨道交通工程勘察设计应依次做好总体设计、初步设计和施工图设计等工作。对工程复杂的项目，可做试验段工程，试验段工程应在总体设计指导下进行。

城市轨道交通试运行阶段是指项目初验合格并完成系统联调后的非载客运行，列车在轨道上空载试跑，不对外售票载客。在此期间将对列车各设备系统与整体系统进行可用性、安全性和可靠性的测试及考核，对运营作业人员培训、故障模拟和应急演练等情况进行检验。

城市轨道交通试运营阶段是指试运行阶段合格后，经过政府相关验收及审批，在完成竣工初验之后、工程竣工验收之前进行的载客运营活动。在此期间乘客可以购票乘坐列车。

城市轨道交通项目竣工验收后，应依据国家政府投资建设项目监管有关规定由地方政府组织进行项目后评价。项目后评价应遵循"客观、独立、科学、实用"的原则。此外，在城市轨道交通规划、设计、施工各个环节上必须严格执行国家颁布的强制性标准，保证安全设施的资金投入，确保安全设施同步规划、设计和建设。

第三节　线网规划的基本原则与主要内容

城市轨道交通系统是一个庞大且复杂的系统，具有不可逆性。因此，合理规划线网是十分重要的。线网的合理与否，将直接影响城市的综合交通结构、城市轨道交通系统的经济效益和社会效益。

一、线网规划的意义和作用

城市轨道交通线网规划是城市总体规划中的一项专项规划，是指在城市的总体规划和城市综合交通规划的基础上，来确定城市轨道交通系统的整体合理性和科学性的系统体系。

其性质与作用可以概括为以下几方面。

（1）线网规划是城市总体规划的重要组成部分，是轨道交通工程项目建设报审、立项的必要条件，是线路设计的主要依据。

（2）线网规划是确定轨道交通建设规模、修建顺序以及编制轨道交通近期建设规划的依据。

（3）线网规划是确定线网结构、换乘车站和换乘形式的基本根据。

（4）线网规划是轨道交通工程建设用地规划控制的重要依据，有利于控制和降低工程造价。

（5）线网规划是城市轨道交通系统分阶段建设的基础，利于轨道交通建设与运营进入良性循环，保持可持续发展的态势。

（6）线网规划方案影响到城市结构和城市形态与功能，对城市土地的发展有强大的刺激作用，其内容将支持城市总体规划的实施和发展。

二、线网规划的主要原则

迅速有效地运送客流是轨道交通建设最直接的目的。作为城市公共交通骨干地位的轨道交通系统，要最大限度地满足居民的出行需求，改善城市交通拥堵的现状，提高轨道交通的分担率。因此，线网规划要遵循一定的原则。

（一）线网布设要与城市主客流方向一致

城市轨道交通首先要满足的是居民现在和未来的交通需求，解决城市交通拥堵、居民乘车难和出行时间长等问题。因此，线网规划应研究城市现状和未来土地发展方向、城市结构形态、人口分布特点、就业岗位分布特征、道路交通情况等，目的是了解和预测城市现状与未来居民出行的主客流方向，使轨道交通能最大限度地承担交通需求大通道上的客流，真正实现轨道交通的骨干作用，提高轨道交通的经济效益和社会效益。

（二）规划线路要尽量沿道路主干道布设

城市道路主干道空间开阔，也是客流汇集的地方。轨道交通线路沿着道路主干道布设，不但可以方便施工，大大减少工程量和拆迁量，对居民生活的干扰也相对较小；而且轨道交通车站分布也往往在主干道附近，有利于地面公交和轨道交通之间的换乘，方便居民出行。例如，上海轨道交通2号线的建设就是沿着天山西路、南京西路、南京东路和世纪大道等道路主干道布设的。

（三）规划线路要尽量经过或靠近大型客流集散点

大型客流集散点主要有对外交通枢纽站（如火车站、飞机场、码头和长途汽车站等）、文化娱乐中心（如足球场、大剧院等）、商业中心、大型生活居住小区、大学城和大型生产厂区等，轨道交通线路要尽量经过或靠近这些客流集散点，一来可以增加轨道交通客流，二来方便居民直达目的地，减少换乘，提高可达性。

（四）线网规划要考虑资源共享

一个城市规划的轨道交通线路往往长达数百千米，规划的轨道交通线路也有数十条或十几条之多，考虑到城市用地的局限性，往往会将轨道交通的各种资源共享，即2条或多条轨道交通线路合用同一资源，如车辆段（场）和牵引变电站等。下面以车辆段（场）为例说明资源共享问题。车辆段（场）是轨道交通车辆停放和检修的场所，占地面积大。在轨道交通建设初期，一条轨道交通线路通常配一个车辆段（场），但随着轨道交通建设线路条数的增加，受城市用地的限制，每新建一条轨道交通线路就增加一个车辆段（场）较难实现。这就要求在线网规划阶段，统筹考虑车辆段（场）在整个轨道交通线网中的位置和规模，以及车辆段（场）与各条正线之间的联络线。

三、线网规划的范围和年限

一个城市按照区域位置来划分，通常可以分为中心城区和周边郊区。轨道交通线网规划的范围，应覆盖整个城市的区域范围。线网规划的范围，还应进一步明确重点研究范围，在重点研究范围内，轨道交通线路一般要加密。根据城市的具体特点，重点研究范围一般选择城市中心区域。

从规划年限来看，线网规划一般可以分为初期规划、近期规划和远期规划。初期规划主要研究规划年限内将修建线路的具体走向，其规划年限一般为

5～10年；近期规划主要研究线网中线路的修建顺序，以及轨道交通线路的建成对城市发展的影响，其规划年限一般为20～25年；远期规划是根据城市总体的远景发展规划、城区用地控制范围、预测的远景城市人口规模和就业分布等基础资料，预测所需的未来城市轨道交通规模，其规划年限一般为50年。

线网规划考虑的年限越长，研究涉及的范围越广，得到的结果也更为宏观，因而遵循"近期宜细，远期可粗"的规划原则。

四、线网规划的主要内容

城市轨道交通系统投资大、建设周期长，对社会影响深远，因此确保科学、合理地制订线网规划是至关重要的一步。

线网规划涉及的专业面广，综合性强，技术含量高。从规划实践来看，其主要内容包括：城市背景的研究、线网构架的研究和实施规划的研究。在规划观念上突出宏观性和专业性的有机结合，在规划工作安排上是研究过程和研究结果并重。

（一）背景资料的调查

线网规划的背景资料主要是指城市总体规划和城市综合交通规划情况。调查的城市总体规划背景资料具体包括城市的经济现状和经济增长能力、城市现状和未来土地的发展方向、城市结构形态、城市现有人口数量和分布特点、未来各年限预测的人口数量和分布情况以及城市现有和未来的就业岗位分布等。调查的城市综合交通规划背景资料具体包括城市各项相关的交通政策、城市对外交通的现状和未来分布特征、城市现有的道路线网情况以及各种城市交通方式的现状与未来期望的出行分担率情况等。除此之外，还应调查的资料包括城市工程地质情况、城市文物古迹的分布情况等。

线网规划所需的背景资料涉及面广，包括了各个领域的方方面面，其中还有一部分资料具有不确定性。因此，要对调查所得的资料进行反复分析和论证，最大限度地确保资料的可靠性和有效性，从中总结出指导线网规划的技术政策和规划原则。

（二）线网构架的研究

线网构架的研究是线网规划的核心内容。这部分研究主要以理性分析为主，主要内容包括：线网合理规模的研究、线网方案的构思、线网方案的客流分析以及线网方案的综合评价。通过匡算线网的合理规模，分析线网的形态结构，测试线网的客流情况，确定初步的线网方案。对确定的线网方案再进行反复评价和优化，最终确定较优的规划方案。

（三）实施规划的研究

要使线网构架研究所确定的较优的规划方案最终得以实施，还需进一步研究实施规划。城市轨道系统专业性很强，线网是否可行受很多工程和经济条件的限制，往往一个条件不能满足就会影响整个系统建设的可行性，因此，必须以方案规划的形式提出具体的安排。实施规划是城市轨道交通规划可操作性的关键，主要研究内容包括建设顺序、工程条件和附属设施的规划。具体内容包括各条轨道交通线路的建设先后顺序、线路的敷设方式、主要换乘节点的方案研究、附属设施（如车辆段）规模大小和具体选址研究、城市轨道交通线网的运营管理规划、联络线分布研究以及城市轨道交通与其他交通方式之间的衔接和换乘等。由于规划可实施性研究是保证线网可行性的重要因素，因此，这部分研究与之前的方案构架研究是一个循环过程。

五、线网规划的技术路线

线网规划涉及的影响因素众多，而各因素之间又相互影响，仅仅靠专家经验和少数几次定性、定量分析是难以获得满意的线网方案的，必须在"方案设计—分析评价—比较筛选"的循环过程中，有效地将定性分析和定量分析有机结合起来，不断提高规划者自身的认识，最终得出更有价值的线网方案。技术路线是线网规划的基本程序和主要指导思想，它体现了线网规划各阶段的工序流程，反映了各工序之间的逻辑关系、研究内容和阶段成果。要做好线网规划，必须首先确定正确的技术路线。

第四节　城市轨道交通客流预测

一、城市轨道交通客流形成机理分析

城市客流主要取决于城市土地利用空间布局和交通组织，在供应满足的条件下，在城市的土地利用布局规划确定后，城市客流的产生和分布就客观存在了。一般而言，城市轨道交通客流包括以下3部分内容。

（一）趋势客流量

随着社会化程度和居民生活水平的提高，人们的社会活动也逐步增加。趋势客流量就是指随着社会的发展，轨道交通车站及沿线正常增长的客流量。

（二）转移客流量

转移客流量是指由于城市轨道交通所具有的快速、准时、安全和方便等优点，而从其他交通方式转移过来的客流量。转移客流量最大可能来源于部分本来选择常规公交以及自行车出行的出行者。此外，相对于小汽车的出行，轨道交通的出行成本较低，因此，还有部分客流量是从小汽车出行方式（主要以出租车为主）转移过来的。

（三）诱增客流量

诱增客流量是指轨道交通线路的建设促进了沿线土地的开发、人口的集聚，使区域之间的可达性提高、服务水平提高，居民的出行强度增加而诱增的客流量。最直接的体现是居民可能会选择"住在郊区、工作娱乐在市中心"的生活方式。

二、客流预测的意义和目的

目前，通过数学手段预测得到的未来设计年度的客流量，称为预测客流量，它具有阶段性、近似性和增长性等特点。城市轨道交通预测客流量是城市轨道交通投资决策的基础，客流需求的发展趋势是决定一个城市是否有必要建设轨道交通及其建设规模和建设时期等问题的前提，只有具备足够大的客流需求量，建设轨道交通才是合理的。具体来说，城市轨道交通客流需求预测结果将为以下几个方面的决策提供重要依据。

（1）轨道交通建设的必要性和迫切性。

（2）轨道交通制式和车辆选型。

（3）轨道交通系统设计能力、列车编组、行车密度和行车交路的确定。

（4）车站基本规模、站台长度和宽度、车站楼梯和出入口宽度的确定。

（5）机电设备系统的选定及其容量和用电负荷的确定。

（6）售检票系统制式和规模的选定，拟定票价政策。

（7）运营成本核算和经济效益评价。

轨道交通客流预测的指标是系统建成通车后可能吸引的客流规模和时空分布，具体指标包括轨道交通客运总量、客运周转量、各站上下车人数、各线路之间换乘人数、区间上下行客流量和高峰小时运量等。这些指标是轨道交通设备配备和车站设计的基本依据，也是评价轨道交通线网规划优劣的重要依据。

三、客流预测的难度

客流预测是衡量建设项目经济成本、预测建设项目投入运营后经济效益的关键依据指标。只有有了科学合理的预测，才能对项目成本效益做出正确的评估，否则一旦经济评估失真，就会导致投资决策的失误。

但是，经过对近年来各城市轨道交通线路的客流预测结果与实际运营客流统计值的比较，发现两者结果相差较大。其主要原因大致可归纳为以下几点。

（一）城市发展带来的不确定因素

客流预测必须以城市发展规划为依据。城市范围和结构形态、用地分布性质、人口分布数量、居民和流动人口的出行量等，均为预测的基础数据。这些数据都是来自城市总体规划。而城市规划一般只做10~20年的近期和远期建设规划，虽然也做远景规划，却是长远性和宏观性的规划。经验告诉我们，城市发展过程是难以控制的，规划不等于实施，往往是规划超前于实施，但也有规划落后于实施的情况。因此，城市规划总是要不断地进行调整修改，属于动态规划。由此可见，客流预测依靠城市发展过程中难以稳定的规划为工作背景，必将造成预测结果与将来的实际状况有一定差异。这种差异是难以估计的。

（二）预测技术尚需改进完善

城市轨道交通项目，从工程立项开始至建成通车，一般需要5年，然后再预测通车后25年的远期客流规模，总共要预测30年的客流。由于时间跨度大，因此难以掌握城市发展中的政策、经济和人们活动的规律，不确定因素太多。同时，由于这项技术尚处于不断发展研究之中，积累资料不足，数学模型和预测技术尚未定型，还需不断改进完善，在对预测数据的把握以及评价标准上，都有很大的难度。

（三）票价的竞争性和敏感性对客流量的波动性

乘客的消费观念和对票价的承受能力是难以控制的活动因素，尤其在市场经济条件下，城市交通中各种交通方式的存在，必定会与轨道交通形成竞争局面。对于乘客来说，需要在时间与票价之间进行权衡和选择，目前的关键还是在于票价。在客流预测时，可以对需求进行预测，但很难对票价进行准确的定位，也很难对客流量的竞争性和敏感性进行数量级的准确分析，这需要长年在运营中不断积累和探索。国内外运营经验证明，票价对客流具有较大的敏感性，同时也说明票价对客流具有可调节性和可控性，这一点值得重视。

（四）线网规划不完整，线路总体规模不明

我国仅仅是在近几年才对城市轨道交通线网规划工作有了一个比较全面的认识。线网规划总是随城市总体规划而动态变化的，有时也会发生局部调整。一般来说，城市中心区建设的形态和规模应该是比较稳定的，城市远景发展规模也是相对稳定的，这为城市轨道交通线网规划提供了基本条件。事实上，有些城市对于线网规划还缺乏深层的研究，线网规划内容还不完整，对城市结构形态发展认

识不足，这些造成各条线路建设的起终点和走向有很大的随意性，缺少严肃性。单条线路和整体线网关系模糊，往往会造成线网规划不稳定。线网总体规模不明，造成各条线路之间关系变化不定，尤其对已建线路的客流影响很大，使原预测的客流量值在量级上发生"质"的变化。这种情况已在国内发生很多例，应引起重视。

综上所述，由于客流预测是一门新生的预测学，也由于它对城市规划有极大的依赖性，对乘客的思维和行为又只能规划导向而不可强制，对客流量也仅能预测其合理的需求，淡化未来的票价政策及其影响，因此，客流预测成果要做到绝对准确是不现实的也是不可能的，只能做到在预定的城市规划条件下，具有相对的可信性。因此，在实际工作中，对预测结果应采取十分谨慎的态度，并加强定性、定量的综合分析论证，以提高客流预测结果的可信度和精确度。

四、轨道交通客流预测模式和方法简介

自20世纪70年代以来交通规划技术传入我国，运用定量的方法进行科学的预测已成为规划的主要手段。城市规划发展至今，主要经历了4种模式阶段，即"虚拟现状轨道"模式、"远期轨道交通推算"模式、"四阶段预测"模式和"非集聚"模式。下面简单介绍各预测模式。

（一）"虚拟现状轨道"模式

"虚拟现状轨道"模式的主要思路是将相关的公交线路的现状客流和自行车流量向城市轨道交通线路转移，得到虚拟的现状轨道交通客流。然后按照相关公交线路的历史资料和增长规律，确定轨道交通客流的增长率，推算远期轨道交通需求客流量；或者由公交预测资料，直接转换为远期城市轨道交通客流量。

"虚拟现状轨道"模式属于早期的预测模式，受其原理的限制，以现状公交为预测基础，对现状交通特征的反映较为片面，无法考虑城市规模、交通设施和出行结构等因素的变化，特别是我国大城市正处于交通快速发展期，未来的交通状况很可能与现状相比有较大的变化，因此精度较低。但由于操作简单，所以常用作其他模式预测后的比较验证或定性分析的辅助手段。

（二）"远期轨道交通推算"模式

"远期轨道交通推算"模式是基于现状客流分布（OD分布）的预测模式，它的主要思路是通过居民出行调查，掌握现状的全方式出行分布，虚拟出"现状"轨道交通客流，并推算其站间客流，然后按照相关公交线路的历史资料和增长规律，确定轨道交通客流的增长率，推算"远期"轨道交通需求客流量。

"远期轨道交通推算"模式的预测基础为城市客流分布资料，对客流出行现状特征的反映比较全面，因此预测精度有所提高，适用于城市布局结构变化不大、客运交通发展相对稳定的城市。

（三）"四阶段预测"模式

"四阶段预测"模式也是基于现状客流分布（OD分布）的预测模式，它的主要思路是通过居民出行调查，掌握现状全方式的出行分布，在此基础上预测未来年限的全方式出行分布，然后通过交通方式划分、交通分配得到未来的轨道交通客流量。

"四阶段预测"模式遵循交通需求预测的"四阶段"，即出行生成、出行分布、方式划分和交通分配，故称为"四阶段"模式。该模式结合土地利用规划分析城市轨道交通客流，能较好地反映城市远期客流的分布，且精度相对较高，但对数据要求高、操作复杂。近年来我国城市的轨道交通客流预测一般都属于这一模式，这一模式成为该领域的发展方向。

（四）"非集聚"模式

"非集聚"模式又称为交通特征模式，它是以实际产生交通活动的个人为单位，对个人是否出行、去何处、利用何种交通工具以及选择哪条路线等活动分别进行预测，并按出行分布、交通方式和交通线路分别进行统计，得到交通需求总量的一类预测模式。

"非集聚"模式在理论上利用了现代心理学的成果，引入了随机效用的概念，其核心是效用最大化理论。它着眼于研究出行者个体的出行行为。"非集聚"模式相比传统模式的优势是有明确的行为假说、模式的一致性好、模式标定所需调查样本少、模式有较好的时间和地区可转移性等特点，但目前该预测模式在实际运用上还不够成熟。

五、"四阶段"交通需求预测模式简介

交通需求预测的技术领域很广，本书中仅介绍国内外比较常用的"四阶段"交通需求预测模式。

"四阶段"交通需求预测系统一般由4个子模式组成：出行生成、出行分布、方式划分和交通分配。出行生成预测是指对每一个小区产生的和吸引的出行数量的预测，即预测发生在每一个小区的出行总数量，换言之，出行生成预测是预测研究对象地区内，每一个小区的全部进出交通流，但并不预测这些交通流从何处来到何处去；出行分布预测是指对从起点小区到终点小区（OD）的交通量的预测；方式划分预测是指对每组起点、终点间各种可能的交通方式（如地铁、公共汽车和自行车等）所承担的比例的预测，即决定出行者采用何种交通方式出行；交通分配是指将每种交通方式的起点、终点（OD）之间的客流量，通过各自有关的模型网络分配在出行的特定线路上。4个子模式形成一个序列，前一个子模式的输出结果为后一个子模式的输入数据，最后的子模式提供从起点到终点以及采用某种交通工具行走某条线路的交通预测结果。这个预测模式简明易懂，使用方便。

第五节　线网方案和规模研究

自1863年世界上第一条地铁问世至今，已有100多个城市拥有城市轨道交通。由于城市地理状况和社会经济条件以及建设城市轨道交通的年代，因此各城市轨道交通线网的形式也各不相同，各具特色。从直观上看，各城市的轨道交通线网形态各异，曲直无序，几乎找不到2个一样的线网形态。然而，在形态各异的线网形态中，又总有一些近似或类似的结构形态。

一、线网方案的结构形态

通过分析、比较世界上各城市的轨道交通线网，参考城市道路网络的结构形态，运用几何学、图论和数学形态学的基础知识，从中可以归纳出一些组成线网的基本几何单元，而这些几何单元都是由轨道交通线路组成的。

（一）放射单元

放射单元是所有轨道线路经过城市中心区域或CBD区域，或由从这些区域放射出的一组轨道交通线路组成。根据轨道交通线路相交情况不同，可以细分为一点集中放射型、中心地区放射型和中心放射型；根据轨道交通线路放射均匀程度不同，又可细分为均匀放射型、扇形放射型、两侧放射型和多侧放射型。

放射单元是城市外围地区与城市中心区域或CBD区域之间最快捷的轨道交通线路形式，其大大缩短了外围地区到市中心或CBD区域的时间，提高了市中心或CBD区域的可达性。这种形式的轨道交通线路往往作为城市的主要通勤线路，外围地区线路吸引范围内聚集了大量居民住宅，中心地区线路附近商业利用率很高，因此线路的通勤客流量很大，常有较好的运营效益。但放射单元的轨道交通线路集中于城市中心区，使得中心区域承担的交通压力较大，同时缺乏城市外围地区之间直接的线路联系。

（二）网格单元

网格单元是由2组平行的轨道交通线路相互正交或接近正交形成的方格网状。这种线网单元线路布设均匀、平行线路多、线路顺直、线路交叉点多，适用于发展均匀、街道为棋盘式布局的城市。但网格单元布局的线网形态、平行线间的连通性较差，需要2次换乘才能实现，且整体的运输效率较低。

（三）环线单元

环线单元是由1条、2条或多条线路共同组成的闭合线路，其形态既可以为环状，又可以为矩形。一般情况下，环线单元是轨道交通线网高级发展的产物，主要设置在城市内外围地区交界处，其作用是建立与其相交线路之间的换乘联系，疏解市中心区域客流。

运用上述3种线路几何单元，或对其进行组合，即可得到城市中最常见的、最基本的轨道交通线网形态。下面对几种常见的线网特征进行简单分析。

1.无环放射结构形态

无环放射结构形态的轨道交通线网是以城市某一区域（如城市中心区域或CBD区域）为核心，在全方位或1个或多个扇形区域内，对称或不对称地放射发展，所有轨道交通线路交会于一点或中心的结构，其交会点往往为大型换乘中心。采用该结构形式的城市，郊区乘客可直达市中心，而且由一条线到其他任意一条线，只需1次换乘即可到达目的地，换乘次数最少，乘客非常方便，但由于没有轨道交通环线，郊区之间的联系不方便。

无环放射结构形态是由轨道交通线路从城市中心区域向外放射而成，如果轨道交通线路都集中经过城市同一地方，容易造成该地方客流组织混乱，并增加施工难度和工程造价。因此，在实际轨道交通线网规则中，一般将多线线路的一点集中交会改为在一定区域范围内的多点交会，形成若干的"×"形、三角形线路关系，如华盛顿就采用了这种结构形态，在城市中心区域形成两两相交的形式。有时为了方便乘客在多个车站之间换乘，会在特定区域范围内增设1条半径很小的环线，这条小半径环线在性质上有别于上述提到的环线单元，其作用是方便小范围区域内乘客的换乘。

采用无环放射结构形态的城市较多，比较有代表性的城市有波士顿，它以市政府和CBD为核心，轨道交通线路在南—北、西北—东南和西南—东北方向对称放射布设。但在实际中，有些城市由于自然、地理条件的限制，如天然的湖泊、山脉的存在，阻断了城市向四周均匀发展，故轨道交通线路也不能均匀布设，即线路放射程度不均匀，如芝加哥，由于密歇根湖的存在，轨道交通线网采用扇形放射；也有向两侧放射布设轨道交通线路的，如斯德哥尔摩，由于水域的分割，城市分为南北2部分，因此轨道交通网络也就采用以水为界向南北两侧放射的结构形态。

2.网格结构形态

网格结构形态有时又称为"棋盘式"结构形态。这种形式的线网线路分布比较均匀，客流吸引范围比例较高；线路按纵横2个走向，多为相互平行或垂直的线路，乘客容易辨识方向；换乘站较多，纵横线路间的换乘方便，线网连通性好。但这种线网形态最大的缺点是没有通达市中心的径向放射线，郊区到市中心的出行常需换乘，且平行线路之间换乘比较麻烦，一般需要换乘2次或2次以上。在相同的线网规模下，网格式线网的吸引范围要比放射式线网的低。

这种线网形态适合于人口分布比较均匀，市区呈片状发展而街道呈棋盘式布局的城市。目前，世界上已建有轨道交通线路的城市中，采用这种线网结构的并不多见，其中比较有代表性的城市是墨西哥城。墨西哥城的轨道交通线网由4条南北向线路、4条东西向线路和1条斜向线路组成，其间有2条线路为了增加与平行线路之间的交叉机会而呈L形。

3.有环放射结构形态

有环放射结构是在无环放射结构的基础上增加环行线而成的，其环行线一般与所有放射线路交叉。有环放射结构是对无环放射结构的改进，因而该线网结构既具有无环放射式线网的优点，又克服了其周边方向交通联系不便的缺点，方便了环行线上的直达乘客和相邻区域间需要换乘的乘客，并且环行线能截流郊区之间的客流，疏解市中心区的交通压力。

这种形式的线网对城市居民的出行最为便利。当城市的郊区发展成市区后，这种形式的线网也便于有效地扩展。世界上许多城市的轨道交通线网都采用了有环放射结构，如莫斯科、伦敦等。莫斯科轨道交通线网是由一圆形环行线和若干放射线组成的，8条放射线由4条直径线和4条半径线组成，向8个方向辐射，伸入城市各端的居民区和工业区，各线路在城市中心区交叉形成三角形，交叉点都为换乘中心。该线网缓解了莫斯科市中心区交通拥挤的压力，轨道交通部门也实现了良好的运营效率。伦敦也采用相似的线网形式，不同点在于其环行线是矩形的。

值得一提的是，城市轨道交通环线截流城市外围之间客流的作用往往受换乘条件的限制，其作用不如道路交通网络中环行线的那么明显。城市轨道交通环线的客流取决于环线自身串联的客流集散点的规模。例如，日本东京著名的山手环形线，全线串联了20多个城市轨道交通站点，包括池袋、新宿、涩谷、品川、东京和上野等重要铁路车站，所以它始终具备较大的客流量。而广州在规划城市轨道交通线网时，曾根据城市特点，提出过几个在不同位置设置不同规模的环行线的比较方案，但这些环形线方案在进行模式测试后，普遍存在客流不高、平均乘距明显低于其他线路的特点，环形线最终被否定。因此，城市轨道交通线网规则中设置环形线必须进行充分研究，不能为了具备环形线而去专门设置。

4.有环网格结构形态

有环网格结构形态是网格结构形态与环形线路的组合形态。该结构形态的最大特点是减少了环线客流的换乘次数，提高了客流的直达性；环外平行线路客流可通过环线换乘从而减少换乘次数，缩短出行时间；通过环线换乘减轻了中心区的客流负荷，起到了疏散客流的作用。采用该线网结构形态的城市并不多，北京是比较有代表性的城市之一。

北京地铁始建于20世纪50年代，自60年代起，做过多次轨道交通线网规划的方案调整，但北京其特有的棋盘式道路格局决定了其市中心区域轨道交通线网为"三纵三横加上一条环线"的结构形态。为了加强城市东部发展中心与边缘集团、重要卫星城及机场的联系，在城市外围又规划有2条快速半环线，支持城市"分散集团"式布局、发展卫星城镇战略，在环外增加了周边线路和支线，将市域和市区线网叠加，形成整个轨道交通线网的构架。

5.组合结构形态

以上列出的是具有较明显特征的少数的城市轨道交通线网结构形态。实际上，大多城市的轨道交通线网因时就势，形态往往比较复杂，而不是简单地呈现单一的特征结构。它们往往是由多种单一线网结构有机结合而成一个完整的线网形式。具有组合线网结构形态的城市较多，下面以马德里为例来说明。马德里的轨道交通1、2、4、7、9、10号线等线路在市中心区构成明显的网状结构；6号线路为环行线，1号线和9号线沿东南向、10号线沿西南向、8号线沿东北向均呈放射状形态。因此，马德里的城市轨道交通线网是由网状、放射状和环线共同组合而成的结构形态。

二、线网规模的研究

在进行城市轨道交通线网规划中，一个十分重要的问题是如何根据城市的现状及其发展规划、城市的交通需求和城市经济的发展水平等，从宏观上合理地规划城市轨道交通线网的规模。所谓合理规模，实际上就是城市轨道交通方式合理的供给水平。由于交通需求和交通供给是动态的平衡过程，因此合理规模也是相对的。

城市轨道交通线网规模的合理确定，是城市规划部门、政府部门及轨道交通运营公司共同关心的问题。它为后续确定线路布局，网络结构及优化，以及估算总投资量、总输送能力、总经营成本和总体效益等工作的开展奠定基础。因此，合理的轨道交通规模不但是线网规划的宏观控制量，而且是一项至关重要的投资依据，是为决策者提供决策的辅助依据。城市轨道交通线网规模，主要通过其线路数量和线路总长度等规模指标来反映。

（一）城市轨道交通线网规模的影响因素

城市轨道交通网络与其外部环境发生着物质、能量和信息的交换，同时受各种复杂的外界环境因素制约，这决定了城市轨道交通线网规模影响因素的多元化。因此，为了对城市轨道交通线网规模做出合理预测，就需要对其影响因素进行综合分析，分清主次关系和各因素的联结关系等，为预测方法分析奠定基础，同时也使决策者对影响线网发展的各种因素有一个清晰的认识。

一方面，线网规模受城市形态及布局、城市人口、城市面积、城市交通需求、城市国民生产总值和城市基础设施投资比例等的直接影响。另一方面，这些影响因素也相互制约，如城市人口、城市面积、城市形态及布局会对城市交通需求造成影响；国家交通政策、城市交通发展战略及政策、城市国民生产总值又对城市基础设施投资比例造成影响；城市交通发展战略及政策又受国家交通政策大环境的影响。这种相互影响和关联的复杂关系构成了一个大系统。

线网规模的影响因素众多，但每个因素对其的影响作用却不同。有资料表明，城市交通需求和城市基础设施投资比例是城市轨道交通线网规模最直接的影响因素；城市形态及布局、城市人口、城市面积通过城市交通需求对线网规模产生间接的控制作用；城市国民生产总值和城市交通发展战略及政策则决定了城市基础设施投资比例，体现了城市经济实力对线网规模的影响。

（二）线网规模的确定方法

线网合理规模主要从"需求"与"可能"两大方面分析。"需求"是以城市总体规划、人口分布、出行强度和出行总量分析为基础，根据城市交通方式构成及其比例，分析城市轨道交通规划需求的规模；同时，以城市结构形态为基础，分析线网合理密度和服务水平需求的规模。"可能"是从城市国民经济总产值中提取一定比例建立专项建设资金，分析城市财政经济的承受能力和工程的正常实施进度。

如上所述，对于线网规模我们可以用线网长度和线网密度来定量表示。目前，国内尚无这方面的具体规定，一般可以按照以下方法来计算。

1.以城市公共交通客流总量来计算轨道交通线网线路总长度 L

$$L = \frac{\alpha\beta Q}{q}$$

式中，L：线网中规划线路总长度（km）；

Q：远期城市出行预测总客流量（万人次）；

α：远期公共交通在出行总客流量中分担客流的比重；

β：远期城市轨道交通在公共交通客流量中分担客流的比重；

q：线路负荷强度，万人次/（km·d）。

2.通过轨道交通线网线路总长度 L 来计算线网密度

$$\delta = \frac{L}{A} \quad 或 \quad \delta = \frac{L}{P}$$

式中，δ：城市总的轨道交通线网密度（km/km^{2}或km/万人）；

L：线网中规划线路总长度（km）；

A：城市规划区用地面积（km^2）；

P：城市规划区总人口数（万人）。

城市轨道交通线网密度是指单位人口拥有的线路规模或单位面积上分布的线路规模，它是衡量城市轨道交通系统服务水平的一个主要因素。

第六节　线网规划方案评价

好的城市轨道交通线网发展方案已经成为影响特大城市的结构与功能发展的重要因素，具体体现在以下几方面。

（1）城市轨道交通线网的形成已成为整个城市客运交通系统的效率基础和能力骨架。

（2）城市轨道交通线路的布局问题已成为城市土地利用规划和交通规划的核心。

（3）城市轨道交通车站分布实际上已经成为吸引大量居民的中心、社会活动的中心以及文化、商业聚集的中心，在城市规划中占有重要地位。

综上所述，城市轨道交通的建设和规划与城市建设和发展紧密相关，城市轨道交通线网规划与建设已经成为大城市规划和建设的立足点。

城市轨道交通线网规划评价是城市轨道交通线网规划的重要环节。在线网方案构架研究中，线网评价需确定每一个备选方案的价值并进行优劣排序。在最终的评优决策中，对备选方案进行全面而系统的定性、定量分析，从而选择出技术先进、经济合理、现实可行的最优或满意的方案。

一、评价过程及评价指标

轨道交通线网的评价是优化选择方案的环节之一，但不能将优化方案的选取依托在一次性的方案比选上。优选方案应通过下面3个过程来获得。

（1）对轨道交通以上层次的规划，即在城市规划或城市综合交通规则中，应确定一些宏观的、战略性的问题或指标，如公交出行比例，这些是在规划方案时必须要达到的目标；不符合这些目标的方案必须淘汰。

（2）通过方案设计的过程进行方案初步筛选。规划者应明确轨道交通线网规划的设计准则或原则，通过这些定性的准则或原则，如近期线网实施性、线网发展适应性和线网结构的合理性等淘汰一些方案。在方案设计过程中通过设计者个人或集体的广泛的经验及综合判断能力进行筛选，保留下来的方案应是总体比较优秀、各有优缺点且难分高下的备选方案。

（3）通过一些定量评价指标体系对经过初步筛选的备选方案进行定量分析和比较。定量评价指标体系应反映线网对城市发展、运营效果和经济性三方面的影响，尽量采用相互独立的、比较客观的定量指标。

二、评价指标体系的结构

城市轨道交通系统当影响因素较少时，采用塔式结构的层次指标体系；如果是过于复杂和多变的结构关系，则采用树状关系结构的指标体系。

一般情况下，城市轨道交通线网规划方案评价的总目标又可进一步细分为技术评价、经济评价和社会环境影响评价3个子目标。建立合理的衡量指标层有助于指标层的明确分类。例如，对技术评价子目标进行分析，同时与线网方案构架过程的主导因素相对应，确立的衡量指标层包括以下3个要素。

（1）对居民出行条件的改善作用，体现不同方案对居民出行条件的改善程度。

（2）运营效果，体现线网运营特征。

（3）建设实施性，从工程施工角度考察规划方案实施的难易程度，并对方案分期建设的合理性进行考察。

第三章　城市轨道交通线路工程

　　城市轨道交通线路是城市轨道列车运行的道路设施，是城市轨道交通工程的重要组成部分。城市轨道交通线路设计的任务是在线网规划和预可行性研究的基础上，对拟建的城市轨道交通线路走向及其平面和纵断面位置，通过不同的设计阶段，逐步由浅入深，进行研究与设计，最终确定城市轨道交通线路在城市三维空间的准确位置。因此，线路的设计必须满足行车安全、线路平顺、养护方便及保证一定的舒适度等要求，并且应使整个工程在技术上可行、经济上合理。

　　1.城市轨道交通线路设计的4个阶段

　　（1）可行性研究阶段。主要是通过线路方案比选，完善线路走向、路由、敷设方式，基本确定车站、辅助线等的分布，提出设计指导思想、主要技术标准、线路平面和纵断面及车站的大致位置等的阶段。

　　（2）总体设计阶段。即根据可行性研究报告及审批意见，通过方案比选，初步确定线路平面、车站的大体位置、辅助线的基本形式、不同敷设方式的过渡段位置，提出线路纵断面的初步标高位置等的阶段。

　　（3）初步设计阶段。即根据总体设计文件及审查意见，完成对线路设计原则、技术标准等的确定，基本上确定线路平面位置、车站位置及进行右线纵断面设计的阶段。

　　（4）施工图设计阶段。即根据有关设计规范、具体工程的设计原则、技术标准等设计文件完成工程施工图设计的阶段。

　　2.城市轨道交通线路的特点

　　由于城市轨道交通的载重量小、车速不快、列车短、行车密度大且停站频繁，而且其设计标准与城市间大铁路的有所不同，其差异程度还与城市轨道交通类型及形式有关，因此，城市轨道交通线路有如下5个特点。

（1）城市轨道交通线路一经建成运营，无论其是在地下、地面还是地面以上，线路位置的改变都十分困难，建成后的改建会引起周围建筑、道路等很大的拆迁工程，并破坏多年来逐渐形成的环境协调。因此，线路的设计要做长期的考虑。

（2）线路主要用于客运，列车质量较小，不受机车牵引力的限制，因此没有限制坡度的概念，线路允许的设计坡度较大。

（3）城市轨道交通线路一般为双线，通常每条线路各设有1个车辆段和1个停车场。线路车站没有经常性的调车作业，为节省用地，一般车站不设到发线，车辆集中停放在车辆段或停车场。

（4）城市内客运的运输距离较短，且全面地分布在整个城市区域内，为保证线路的客流吸引能力，通常要求车站站距较短，一般每隔1~2千米，设置1个车站。因此，站点设置密，停车频繁。

（5）线路各站点的吸引范围小，城市客流可容忍的等待时间较短，这就要求发车间隔时间不能太长，一般不长于10分钟，而在这段时间里聚集的客流量有限，因此列车编组长度通常为4~8节车厢，较城际列车编组短。这样，供乘客上下车的站台长度就短了，通常为100~200米。

城市轨道交通线路按其在运营中的作用，分为正线、辅助线和车场线。

正线指连接车站并贯穿于运营线路始点、终点的线路，绝大多数设计为双线，分为上行线和下行线。正线行车速度快、密度大，且要保证行车的安全和舒适，因此线路设计标准较高。在正线除在始点、终点车站设计折返设施外，必须选择几个重要车站，用于列车折返。在折返站应设置道岔渡线，铺有折返线、联络线和存车线，专门用于特殊情况下紧急使用，不属于正线的范畴，一般称其为正线辅助线。辅助线是为了保证正线正常运营而配置的线路，一般不行驶载客车辆，对速度要求较低，故线路标准也较低。辅助线包括折返线、渡线、联络线、停车线、出入线等。车场线指车辆检修综合基地用于停车、调车、修车、试车、装卸货物及指定用途的其他各种线路的总称。一般包括牵出线、停车线、检修线及综合基地内各种作业线和试车线。

第一节　线路选线

一、线路走向

线路选线就是选择城市轨道交通的行走路线，一般先是从经济选线，然后才是从技术选线。经济选线就是选择行车路线的起讫点和控制点。线路起讫点通常选择在客流量大的地方，如火车站、码头、机场、城郊接合部等，并适当考虑机车车辆的停车场及维修基地。轨道交通的开通，将改善相应地段的交通条件，形成新的投资热点，进而引起客流的新变化，这些变化不可避免地会对已经规划的线路走向产生影响。因此，在轨道交通线路建设前，仍需要对此加以研究。由于轨道交通线路建成之后改建十分困难，且费用昂贵，所以对线路的走向和路由选择应该慎重考虑。具体可遵从以下原则。

（1）应符合城市轨道交通线网规划和城市发展总体规划要求，沿主客流方向选择并通过大客流集散点（如工业区、大型住宅区、商业文化中心、公交枢纽、火车站、码头、长途汽车站等），以便于乘客直达目的地，减少换乘。如上海轨道交通1号线一期工程将铁路上海南站、徐家汇、人民广场、铁路上海站等大客流集散点作为其必经的控制点，为缓解铁路上海南站地区、徐家汇、人民广场及铁路上海站地区之间的南北客流交通压力发挥了重要的作用。

（2）应符合城市改造及发展规划，通过形成以轨道交通换乘站为核心的城市综合交通枢纽来引导或维持沿线区域中心或城市副中心的发展。如上海轨道交通11号线和14号线线路走向规划方案的调整，就是为了形成以铜川路换乘站为核心的城市大型综合交通换乘枢纽，以支撑真如城市副中心的建设和发展。

（3）尽量避开地质条件差、历史文物保护、地面建筑和地下建筑物等地域，在老城区的线路宜选择地下线路。

（4）应结合地形、地质及道路宽窄等条件，尽量将线路位置选择在施工条件好的城市主干道上。同时进行施工方法的比选，合理选择线路基本位置、埋置方式及深度，减少城市轨道交通地下线路施工过程中对现有房屋等建筑物的拆迁及城市交通的干扰。在郊区及次中心区有条件地段，可以选择地面线或高架线，以节省建设投资，降低运营费用。

（5）尽可能减小线路通过建筑群区域的范围。线路在道路的十字路口拐弯，通过十字路口拐角处时往往会侵入现存的建筑用地。此时若以大半径曲线通过，虽然对运行速度、电能消耗、轨道养护、乘客舒适性等方面都有利，但会造成通过建筑群地带时占用地面以下的区间增长，用地费用增加，征地困难。同时，还会出现基础托底加固等困难工程。

（6）车站应设置在客流量大的集散点和各类交通枢纽上，并与城市综合交通规划网相协调。这样有利于最大限度地吸引客流，方便乘客，使轨道交通成为城市公共交通骨干，轨道交通车站成为城市交通换乘中心。车站间的距离应根据需要确定，一般为1～2千米，市郊区域可长些，而市中心区可以短些。

（7）对于浅埋隧道线路、地面线路或高架线路，其位置通常是沿着较宽的城市干道布设，或是通过建筑物稀少的地区，这样可以减少因避让线路穿越建筑群区域桩基或拆迁房屋而增加的麻烦及费用，也为线路施工创造了良好的明挖条件，并增加了车站位置选择的自由度。对于深埋隧道，其线路位置由车站位置决定，一般在其间取短直方向。

（8）线路走向要考虑车辆段、停车场的位置及联络线。

二、线路敷设形式

城市轨道交通的线路敷设形式按其与地面位置关系可分为地下线、高架线、地面线和敞开式线路。

（一）地下线

地下线是线路在交通繁忙路段和市区内繁华地段主要采用的线路敷设形式，其线路置于地下隧道中，其优点是与地面交通完全分离，且不占城市地面与空间，不受气候影响。其缺点是需要较大的一次性投资，较高的施工技术，较先进的管理，完善的环控、防灾措施与设备，且建设过程会影响地面交通，运营成本较高，改造调整与线路维护均比较困难。

在某些条件下，轨道交通地下线路置于道路范围之外，可以达到缩短线路长度、减少拆迁、降低工程造价之目的。

地下线的施工方法主要有明挖法、暗挖法等。暗挖法包括盾构法和矿山法。盾构法又分为单圆盾构、双圆（双线）盾构。

（二）高架线

高架线是城市轨道交通中一种重要的线路敷设方式，一般在市区外建筑稀少及空间开阔的地段采用。其线位一般沿道路的一侧或路中布置，具体设在路侧还是路中要根据规划和设站情况来决定，并结合具体情况做深入研究和经济比较。

高架区段中的高架桥是永久性的城市建筑，结构寿命要求为100年。其线路设在高架工程结构物上，对地面交通无干扰，造价介于地下线路与地面线路之间，施工、维护、管理、环控、防灾诸方面都较地下线路方便。但是，高架线的突出缺点是运营噪声大，对城市景观影响也较大，市区一般不采用。

（三）地面线

地面线是指在较空旷的地带，道路和建筑稀少，采用类似普通铁路的路基作为轨道基础的线路形式。地面线的路基高度一般要高出通过地段的最高地下水位和当地50年一遇的暴雨积水水位，以免路基出现淹没、翻浆冒泥而影响运营。

地面线一般采用独立路基的方式，减少与地面道路交通的互相干扰。其优点是造价最低、施工简便、运营成本低、线路改造调整与维护容易。其不足之处是占地面积大，容易受气候影响（如雨、雪、风等），乘车环境难改善，有一定的环境污染负效应（如噪声等），主要适用于城市边缘区或郊区。

（四）敞开式线路

敞开式线路是线位由地下线过渡为地面线或高架线时（或相反时）的一种过渡形式。

当这种线路敷设距离较长时，为防止雨水的大量汇入，应在上部加棚顶（最好为透明材质，以利于自然采光）。这种线路埋深浅、施工难度小、造价低，还可节省环控设备及照明，很适于南方城市特定地段采用。但是对其位置的确定要慎重考虑，因为敞开形式对线位两侧环境影响较严重，不但产生噪声和振动，而且隔断线路两侧的沟通，对城市景观也不利。

三、车站站距

我国轨道交通在吸收世界轨道交通建设经验的基础上，在《地铁设计规范》（GB 50157—2013）中规定："车站间的距离应根据现状及规划的城市道路布局和客流实际需要确定，一般在城市中心区宜为1千米左右，在城市外围区应根据具体情况适当加大车站间的距离。"

对于平均站间距离，世界上有2种趋向：一种是小站间距，平均为1千米左右；另一种是大站间距，平均1.6千米左右。香港地铁平均站间距为1 050米，其中港岛线仅947米；莫斯科地铁平均站间距为1.7千米左右。香港、莫斯科均是以公共交通为主要运输工具，地铁具有很好的运营业绩。我国部分已建轨道交通线路平均站间距如表3-1所示。

表3-1　我国部分已建轨道交通线路平均站间距

城市名	线路	线路运行长度（km）	车站数（个）	平均站间距（m）
北京市	1号线西段	16.87	12	1 534
	环线	23.01	18	1 354
天津市	1期工程	7.4	8	1 057
上海市	1号线	21.61	16	1 441
	2号线	19.15	13	1 596
	3号线	24.97	19	1 387
广州市	1号线	18.48	16	1 232

车站分布应根据科学的综合分析，经过详细的方案比选后确定。尤其是轨道交通车站分布数目对建设费用、运营成本、施工等都有很大影响。但是客流吸引量及乘客出行时间需要进行具体分析计算，在市场经济条件下，车站分布一定要进行经济效益的比较。

车站是一种昂贵的建筑物，其建筑费及设备费在初始投资中占整个项目投资很大的比重。根据上海地铁2号线的概算资料，车站长度为284米，其土建工程造价约为6 000万～7 000万元，拆迁工程和车站设备是车站土建造价的2.1～2.2倍；而区间每千米土建工程造价为9 000万～10 000万元，仅从土建工程造价比较，车站每千米的造价约是区间的2.4倍。由此可见，站间距越小，车站数量越多，轨道交通的造价就越高。

站间距增大，车站数量可以减少，车站造价可以节省，但是乘客步行距离及时间加长，轨道交通在综合交通中的客流吸引能力会降低，同时单个车站的负荷有所增加，车站设计规模相应加大。

在站距缩短、车站数量增加的同时，列车运营费用也会上升。根据苏联地铁运营统计资料，地铁运营速度约与站间距离的平方根成正比。站间距离缩短会降低运营速度，进而增加线路上运营的列车对数，还会因频繁地启停车而增加电能消耗、轮轨磨耗等，从而增加运营费用。

从车站在城市中的作用看，如果车站之间的间距足够大，则各车站会发展成为综合性的公共活动中心及交通枢纽，并逐渐集社会、生产、行政、商业及文化生活职能于一体，发展成为吸引居民居住和工作的核心。

综上所述，车站的间距大小会对乘客出行时间、运营费、工程费以及车站在城市中的作用等多方面产生错综复杂的影响，应综合考虑，合理确定。

四、辅助线的分布

辅助线是为保证正常运营、合理调度列车而设置的线路，最高运行速度限制在35km/h。辅助线路按其使用性质可以分为折返线、存车线、渡线、联络线和（车场）出入线等。辅助线是城市轨道交通系统的重要组成部分，直接关系到系统运营组织的效率。例如，列车在正线上运行时，倘若突然出现故障，而上下行线路又没有岔道时，列车既不能改变方向，又不能超越，便有可能造成全线瘫痪。为了在运营时段意外事故发生后能迅速进行抢修，应每相隔2～3个车站选择一处设置渡线和临时停车线等辅助线，用于特殊情况下应急使用。

（一）折返线、存车线、渡线

折返线是在线路两端终点站，或者准备进行折返的列车区间站，供运营列车往返运行时掉头而设置的线路。它的基本要求是满足列车折返运行能力的需要。存车线是供故障列车停放及夜间存车用的。折返线和存车线布置形式一般相同，功能也可互换。折返线形式很多。

渡线是指用道岔将线路上行线、下行线及折返线连接起来的线路，其作用在于使2条平行线路上的车辆能够从一条线路转到另一条线路。在城市轨道交通线路上多用于中间站的列车折返作业。渡线按其铺设情况可分为单渡线和双渡线。

（二）联络线

联络线是轨道交通线路之间为方便进行调动列车等作业而设置的连接线路。联络线因连接的轨道交通线路往往不在一个平面上，有较大的坡道与较小的曲线半径，因此列车运行速度不可能很快。如果联络线设置为地下线路，那么施工难度较大，投资也较大。联络线按其布置形式可分为单线联络线、双线联络线和联络渡线。

联络线一般采用单线，位置应在路网规划中确定，先期修建的线路应该根据规划要求，为后建线路预留联络线的设置条件。合理确定联络线，能够在路网建成后机动灵活地调用路网中各线的车辆，使路网形成有机的整体。

（三）车场出入线

为保证运行列车的停放和检修，应在城市轨道交通沿线适当的位置设置车辆段。车辆段出入线是正线与车辆段间的连接线，是车辆段与正线之间的联络通道。《地铁设计规范》（GB 50157—2013）规定："车辆段出入线应连通上下行正线。当出入线与正线发生交叉时，宜采用立体交叉方式。车辆段和停车场设置双线或单线出入线，应根据远期线路的通过能力与运营要求计算确定。尽端式车辆段出入线宜采用双线，贯通式车辆段可在车辆段两端各设1条单线。停车场规模较小时，出入线可采用单线。"

第二节　线路平面

轨道交通线路平面设计一般是在确定线路走向和路由的情况下，对线路的平面位置及各技术要素进行计算，最终确定线路的准确位置。具体内容包括以下几方面。

城市轨道交通的线路平面是由直线、圆曲线和缓和曲线组成的。线路平面设计的主要技术要素有最小曲线半径、夹直线最小长度、最小圆曲线长度、缓和曲线线型和长度。

一、线路平面位置选择

（一）地下线平面位置选择

根据线路与城市道路的关系，城市轨道交通地下线路的平面位置主要有线路位于道路规划红线范围内和线路位于道路规划红线范围外2种情况。道路红线是指道路用地的边界线。

城市轨道交通地下线路位于道路中心，对两侧建筑物影响较小，地下管网拆迁较少，有利于减少曲线数量、线路裁弯取直，并能适应较窄的道路红线宽度。但若采用明挖法施工便破坏了现有道路路面，对城市交通干扰大。

城市轨道交通地下线路位于规划的慢车道和人行道下方，施工时能减少对城市交通的干扰和对机动车道路面的破坏；但它靠建筑物较近，市政管线较多且线路不易顺直，需结合站位的设置统一考虑。

城市轨道交通地下线路位于道路规划红线范围外，是在特殊情况下采用的一种线路位置，如果线路从既有多层、高层房屋建筑下面通过，不但施工复杂、难度大，而且造价高昂，选线时要尽量避免。如果线路位于待拆的已有建筑物下方，那么对现有道路及交通基本上会无破坏和干扰，地下管网也极少。

在某些条件下，城市轨道交通地下线路置于道路规划红线范围之外，可以达到缩短线路长度、减少拆迁、降低工程造价之目的。

（二）高架线平面位置选择

高架线路平面位置选择，较地下线路严格，自由度更小，一般要沿着城市主干道平行设置，道路红线宽度宜大于40米。在道路横断面上，轨道交通高架桥墩柱位置要与主干道行车分隔带配合，一般宜将桥柱置于分隔带上。

（三）地面线平面位置选择

轨道交通地面线位于道路中心带上，带宽一般为20米左右。当城市快速路或主干道的中间有分隔带时，地面线设于该分隔带上，不阻隔两侧建筑物内的车辆按右行方向出入，不需设置辅路，有利于保护城市景观及减少轨道交通噪声的干扰，其不足之处就是乘客乘坐时均需通过天桥或地道进出车站。

轨道交通地面线位于快车道一侧，带宽一般为20米左右。当城市道路无中间分隔带时，该位置可以减少道路改移量，其缺点是在快车道另一侧需要修建辅路，增加了道路交通管理的复杂性。

二、线路平面位置方案比选

在同一条轨道交通线路上，可采用上述3种不同的空间布置方式。较为理想的是在市中心人口密集、建筑密集、土地价值较高的地段，采用地下线，也可适当布置为高架线；而在城市边缘区或郊区，则宜采用地面独立路基或一般路面路基。

《城市轨道交通工程项目建设标准》（条件104—2008）第24条规定：线路的敷设方式应根据城市总体规划和地理环境条件，因地制宜地选择。

（1）当采用全封闭方式时，在城市中心区宜采用地下线，但应注意对地面建筑、地下资源和文物的保护；在城市中心区外围且街道宽阔地段，宜首选高架，有条件地段也可采用地面线，但应处理好与城市道路的关系。

（2）高架线地段，应注重结构造型，控制建筑体量，注意高度、跨度、宽度的和谐比例，既要维护地面道路的交通功能，又要注意环境保护和景观效果，做好环境设计。

（3）当采用部分封闭方式时，在平交道口必须设置"列车优先通行"信号，同时兼顾道路的通行能力。

三、车辆段及配线

车辆段是车辆停放、检查、整备、运用和修理的管理中心所在地。若运行线路较长（超过20千米时），为了有利于运营和分担车辆的检查、清洗工作量，可在线路的另一端设停车场，负责部分车辆的停放、运用、检查和整备工作。当技术经济合理时，也可以2条或2条以上线路共设1个车辆段。城市轨道交通除车辆保养基地外，尚有综合维修中心、材料总库和职工技术培训中心等基地，有条件时，尽量将它们与车辆段规划在一起。

车辆段的主要生产设施有大修与架修库、定修库、月修库、列检库、停车库、洗刷库、吹扫库、不落轮镟库、内燃机车库与试车线等，并配备相应的检修设施。线路除设有上述各种用途的库线外，还有列车出入段线、牵出线、车底（空车列）停留线、检修线及综合基地内各种作业线、材料线与地面铁路专用线等。

根据车辆段内所需要的各种线路的使用功能和有效长度，并结合地形的具体情况，站场可布置成尽端式和贯通式2种基本形式。一般贯通式站场列车可向2个车站同时收发车，列车出入车辆段比较灵活、方便、迅速，但占有场地较大。

四、线路平面主要技术要素的选择

在城市中，轨道交通线路不可能都以直线连接，有时为了避让障碍物，需用曲线连接线路。理想的城市轨道交通线路在平面上应该是由直线和很少量的圆曲线组成，而且每条圆曲线采用尽可能大的半径，在圆曲线和直线之间设置起缓和作用的过渡曲线。因此，城市轨道交通的线路平面是由直线和曲线组成的。曲线可分为圆曲线和缓和曲线2种。

线路平面设计的主要技术要素有圆曲线半径、圆曲线长度、缓和曲线线型和长度、夹直线长度等。

（一）圆曲线

1.圆曲线半径

小半径曲线具有限制车速、养护比较困难和钢轨侧面磨耗严重等缺点，特别是在行车密度大、运量大的情况下，这些缺点更加突出，因此，线路的最小曲线半径应有一定限制。正线允许的最小曲线半径为300米，相应的最大允许速度为74km/h，比国产地铁车辆（长春客车厂生产）的构造速度80km/h要低，因此实际设计时，曲线半径可适当大些。

世界各个城市的地铁的曲线半径标准也不一样，早期修建的地铁的曲线半径要小得多，比如纽约地铁的最小曲线半径为107米，芝加哥和波士顿地铁的最小曲线半径为100米，而巴黎地铁的最小曲线半径为75米。

由于轻轨交通运量小，因此其最小曲线半径可视车型情况而采用比地铁曲线半径更小一些的数值。车站站台段线路应尽量设在直线上，因为站台上有大量旅客活动，直线站台通视条件好，有利于行车安全；而且地铁或轻轨的站台多为高站台，曲线站台与车辆间的踏步距离不均匀，不利于乘客上下车和乘车安全。在困难地段，不得已的情况下，站台也可设在曲线上，但为保证行车安全和合理的踏步距离，其曲线半径不应小于800米。

2.圆曲线长度

当曲线偏角较小时，可能会出现圆曲线长度较小的情况。一般客车车辆全轴距为20米，如果曲线长度小于20米，就会出现一节车厢同时跨在两缓和曲线上的情况，对行车稳定性和乘客舒适度产生不利影响。另外，在线路维修工作中，一般采用绳正法，每10米可量出1个正矢，这就要求圆曲线上至少要设2个正矢。《地下铁道设计规范（GB50157—2003）》规定：正线和辅助线的最小曲线长度不宜小于20米，在困难情况下，不得小于1个车辆的全轴距。

（二）缓和曲线

由于直线与圆曲线间存在曲率半径的突变，圆曲线半径越大，这种突变程度就越小。当圆曲线半径超过2 000米时，这种突变对轨道交通行车影响很小。而当正线上曲线半径不大于2 000米时，则要在圆曲线与直线间加设缓和曲线，实现曲率半径的逐渐过渡，减少列车在突变点处的轮轨冲击。

（三）夹直线

当相邻曲线距离较近时，可能会出现两曲线（有缓和曲线时，指缓和曲线；无缓和曲线时，指圆曲线）相邻两端点间的夹直线过短的情况。夹直线长度小于20米时，就会出现同一车辆同时跨在2条曲线上，引起车辆左右摇摆，影响车辆行车平稳性；夹直线太短，也不易保持直线方向，给地铁养护增加了困难。因此《地下铁道设计规范（GB50157—2003）》规定：正线及辅助线上的两相邻曲线间的夹直线长度，不应小于20米。车场线上的夹直线长度不得小于3米。

（四）曲线轨距加宽

为使具有固定轴距的轨道交通车辆能顺利通过曲线，在半径很小的曲线上，轨距要适当地扩大，这种扩大称为曲线轨距加宽。曲线轨距加宽标准如表3-2所示。

加宽曲线轨距是指将曲线轨道的内轨向曲线中心方向移动，并在缓和曲线长度范围内完成，曲线外轨位置保持不变。

表3-2 曲线轨距加宽标准

曲线半径（m）	轨距加宽（mm）
r≥350	0
300≤r＜350	5
r＜300	15

（五）曲线超高设计

轨道交通车辆通过曲线部分时，由于离心力的作用，有向外侧抛出的趋势，为了防止这种趋势的发生，需平衡这个离心力，使外侧钢轨比内侧钢轨高，这种设置称为超高。超高即把曲线外轨适当抬高，借助车辆的重力的水平分力以平衡离心力，从而达到内外2股钢轨受力均匀、垂直磨耗均等，使旅客不因离心加速度的存在而感到不舒适，以及提高线路横向稳定性，保证行车安全。在地下线路中，有时为了满足限界要求，可通过将外轨抬高一半、内轨降低一半来设置超高。

线路的曲线超高值的计算公式为：

$$h = 11.8 \frac{V_c^2}{r}$$

式中，h：超高值（mm）；

V_c：列车通过速度（km/h）；

r：曲线半径（m）。

（六）道岔设计及其他规定

道岔应设在直线地段，道岔端部至曲线端部的距离不应小于5米，车场线可减少到3米。道岔宜靠近车站位置，但道岔基本轨端部至车站站台端部的距离不应小于5米。不同号数的道岔，其导曲线半径和长度也不同，会影响线路线间距和线路长度。正线和辅助线上为保证必要的侧向过岔速度，宜采用9号道岔；车场线因过岔速度要求低，应采用不大于7号的道岔，以缩短线路长度，节省造价。

另外《地下铁道设计规范（GB50157—2003）》还规定：设置交叉渡线两平行线的线间距时宜符合下列规定，即9号道岔采用4.6米或5.0米；6、7号道岔采用4.5米或5.0米。

折返线的有效长度，应为远期列车计算长度加24米（不包括车挡长度）。

五、线路直线段的基本要求

（一）轨距

2股钢轨内侧轨顶面向下16毫米范围内两作用边之间的最小距离叫作轨距。由于钢轨在铺设时要求向内倾斜，因此车轮轮缘与钢轨侧面的接触点在钢轨顶面向下10～16毫米之间，所以轨距的测量部位应在轨顶面向下16毫米处。轨距有直线段轨距和曲线段轨距之分，另外根据轨距的大小还有标准轨距、宽轨距和窄轨距之分。

在世界上大多数国家的铁路及城市轨道交通所采用的线路轨距为标准轨距，其具体尺寸为1 435毫米；俄罗斯及东欧一些国家的铁路及城轨所采用的轨距为宽轨距，其尺寸为1 520毫米；非洲及南亚一些国家的铁路及城轨所采用的轨距多为窄轨距，具体尺寸有1 067毫米和1 000毫米2种。我国已建的城市轨道交通线路的轨距都是采用1 435毫米。在运量较小的轻轨和新型有轨电车线路中，也采用1 067毫米、1 000毫米和762毫米轨距。

为使轨道交通车辆能顺利通过轨道，轨道的轨距必须略大于轮对宽度，有一定的游间。当轮对的一个车轮轮缘与钢轨贴紧时，另一车轮轮缘与钢轨之间的游间δ为：

$$\delta=S-q$$

式中，S：轨距（毫米）；

q：轮对宽度（毫米）。

计算δ值时，没有把轮对宽度由于车轴挠度而产生的变化量及轨距在列车通过时可能发生的弹性扩大（一般可取2毫米）考虑在内。

游间不能过大，否则会使车辆行驶时的蛇形运动幅度增加，横向加速度、轮缘对钢轨的冲击及作用于钢轨上的横向力也随之增加。行车速度愈快，这种影响愈严重，所以，为了提高行车平稳性和减少轮对之间的动力作用，应对行车速度加以限制。目前，英国已把原来的标准轨距从1 435毫米减小为1 433毫米，而德国减少为1 432毫米。

（二）水平

水平时至2股钢轨的顶面，在直线地段应保持在同一水平面上，简单地说就是轨道上左右钢轨的水平。保持水平的目的是使2股钢轨受力均匀，并保证车辆平稳行驶。

水平也可用道尺或轨检车进行测量。实践中，有2种性质不同的钢轨水平误差，对行车的危害程度也不一样。一种水平误差是在一段相当长的距离内，一股钢轨的轨顶较另一股高，只是水平误差保持在容许范围值内；另一种称为三角坑或轨道竖向扭曲，它是指在一段不太长的距离内，先是左股钢轨高，后是右股钢轨高，或者与此相反。轨道上存在三角坑会出现车轮不能全部正常压紧钢轨的现象，在最不利的情况下甚至可以爬上钢轨，引起脱轨事故。

（三）前后高低

轨道的纵向平顺情况称为前后高低。产生前后高低主要有以下2种原因：一种是经过一段时间的列车运行后，因道床的累积变形、路基下沉不均、三角坑和弹性不均匀等，轨面出现高低不平的情况，这种不平顺的长度较长，车轮沿不平顺的全长滚动；另一种是因钢轨的波形磨耗、接头焊缝、打塌及轨面擦伤等形成的轨面不平顺，当车轮通过这种不平顺时，车轮不触及不平顺的底部。

控制纵向不平顺的大小对降低轮轨间的动力作用、减少对轨道的破坏是十分重要的。

（四）方向

方向又称为轨向，指的是轨道中线位置应与它的设计位置一致。但在轨道交通车辆运行过程中，往往出现直线轨道不直、曲线轨道不圆顺的现象。直线轨道由长度为10～20米的波浪形曲线组成。曲线轨道不圆顺则表现在缓和曲线和圆曲线上的曲率发生变化，曲线成为由很多不同曲率半径圆弧组成的复曲线，导致严重的方向不平顺。

轨道方向不良对行车的安全和平稳具有特别重要的意义。在无缝线路地段，若轨道方向不良，到了高温季节，在一定条件下会出现胀轨跑道，严重威胁行车。直线轨道上的误差是用10米弦量得的偏离直线方向最大矢度，曲线轨道上的误差是用20米弦量得的圆曲线或缓和曲线上的正矢与计算正矢之差。

（五）轨底坡

因车轮踏面的主要部分为1：20的锥面，所以在直线上，钢轨不应竖直铺设，而要适当地向内倾斜，因此我们定义轨底坡为钢轨底面对轨枕顶面的倾斜度（也称为内倾度）。内股钢轨轨底坡的调整范围如表3-3所示。

表3-3　内股钢轨轨底坡的调整范围

外轨超高	轨枕最大斜度	铁垫板或承台的倾斜度		
		0	1/20	1/40
0～75	1：20	1：20	0	1：40
80～125	1：12	1：12	1：30	1：17

设置轨底坡的目的是使车轮压力集中于钢轨的中轴线上，减小荷载偏心矩，降低轨腰应力，避免轨头与轨腰连接处发生纵裂。此外，其还可使车轮踏面的1：20的部分能与轨顶面的中部接触，增加轮轨间的接触面积，减小接触应力和由此产生的塑性变形。

在任何情况下，轨底坡不应大于1：12，或小于1：60。

第三节　线路纵断面

线路纵断面设计在平面设计的基础上进行，同时又可对平面设计进行检验和调整，最终确定线路在三维空间的位置。轨道交通线路的纵断面由坡段和连接相邻坡段的竖曲线组成。坡段的特征用坡段长度和坡度值来表示。

在轨道交通线路纵断面设计中，凡有条件的地点，线路应尽量设计成符合列车运行规律的节能型坡道，即车站设在线路纵断面的高处，两端设为下坡道。列车从车站启动后，借助下坡的势能可以增加列车加速度，缩短列车牵引时间，从而达到节能的目的。在列车进站停车时，可以借助坡度阻力，降低列车速度，缩短制动时间，减少制动发热，节约环控能量。

一、线路纵断面设计的主要技术要素

城市轨道交通的线路纵断面是由坡段和连接相邻坡段的竖曲线组成的。坡段的特征用坡度和坡段长度来表示。坡段长度是该坡段前后2个变坡点之间的水平距离，而坡度则为坡段两端变坡点的高程与坡段长度的比。

轨道交通线路纵断面设计的主要技术要素包括坡度、坡段长度和坡段连接。

（一）坡度

由于城市轨道交通坡度已不是限制列车牵引质量的主要因素，所以把线路允许设计的最大坡度值称为最大坡度，而不称为限制坡度，也不存在加力坡度。

1.最大纵坡

城市轨道交通列车为了适应小站距的频繁启动、制动，应具有良好的动力性能，一般采用全动轴或2/3动轴列车，启动加速度要求达到$1m/s^2$及以上，这就意味着列车可以爬100‰及以上的当量坡度。轨道交通具有高密度行车和大运量的特点，为保证行车安全与准时，设计原则要求列车在失去部分（最大可达到一半）牵引动力的条件下，仍能用另一部分牵引动力，将列车在最大坡度路段上启动，因而最大坡度阻力及各种附加阻力之和，不宜大于列车牵引动力的一半。因此，《地铁设计规范》（GB 50157—2013）规定："正线的最大坡度不宜大于30‰，困难地段可采用35‰，联络线、出入线的最大坡度不宜大于40‰（均不考虑各种坡度折减值）。"

在实际设计纵断面时，线路坡度在满足标高控制要求的前提下应尽可能平缓，一般宜在25‰以下。但随着各种城市轨道交通车辆的改进，允许的最大坡度值也正在增大。例如，日本东京都营地铁12号线路的正线设计最大坡度已经达到50‰。

按我国轻轨样车的技术条件规定，轻轨正线的最大坡度为60‰。

2.最小纵坡

地铁隧道内和路堑地段的正线最小坡度主要是为了满足纵向排水需要，一般情况下线路的坡度与排水沟坡度一致；有些地段会处于地下水位线以下，为保证排水，隧道内线路最小坡度一般宜采用3‰，困难情况下，可采用2‰。地面和高架桥区间正线处在凸形断面，在具有有效排水措施时，可采用平坡。

《铁路线路设计规范》中未对铁路限制坡度最小值做规定，但通常取4‰。这是因为限制坡度若小于4‰，虽然按限制坡度算得的牵引质量很大，但受启动条件和到发线有效长度（一般最长取1 050米）的限制而不能实现，工程投资却可能有所增加。所以一般不采用小于4‰的限制坡度。

3.车站纵坡

地下车站站台段线路应设单一坡度，最好为平坡。考虑到纵向排水的需要，坡度值宜采用2‰，困难时可设在不大于3‰的坡道上。坡度太大不利于列车启停；坡度太小不利于隧道排水。

地面和高架桥上的车站站台宜设在平坡道上，在困难地段可设在不大于3‰的坡道上。

轨道交通车站站台线路应设在一个坡道上，有条件时车站宜布置在纵断面的凸形部位上，并设置合理的进、出站坡度。

（二）坡段长度

从工程数量上看，采用较短的坡段长度可更好地适应地形起伏，减少路基、桥隧等工程数量，但最短坡段长度应保证坡段两端所设的竖曲线不在坡段中间重叠。从运营角度看，因为列车通过变坡点时，变坡点前后的列车运行阻力不同，车钩间存在游间，这将使部分车辆产生局部加速度，影响行车平稳，同时也使车辆间产生冲击作用，增大列车纵向力，因此坡段长度要保证不致产生断钩事故。

城市轨道交通线路坡段长度不宜小于远期列车长度，并应满足相邻竖曲线间的夹直线长度的要求，其夹直线长度不宜小于50米。如果坡段长度小于列车长度，那么列车就会同时跨越2个或2个以上的变坡点，各个变坡点所产生的附加应力和局部加速度会因叠加而加剧，影响列车的平稳运行、旅客的舒适感及线路的维修养护。因此，线路坡段长度不宜小于远期列车计算长度。按每节车厢19.1米计算，当列车编组为8节车厢时，约为150米；当列车编组为6节车厢时，约为115米；当列车编组为4节车厢时，约为75米。与大铁路不同，城市轨道交通线路不要求坡段长度取为50米的整倍数。

（三）坡段连接

在纵断面上，若各坡段直接相连则形成一条折线。列车运行至坡度代数差较大的变坡点处，容易造成车轮脱轨、车钩脱钩等问题。为避免这类情况发生，当坡度代数差不小于2‰时，应在变坡点处设置竖曲线，把折线断面平顺地连接起来，以保证行车的安全和平稳。竖曲线有抛物线型和圆曲线型2种。抛物线型曲率是渐变的，更适宜于列车运行，但由于铺设和养护工作较复杂，当要求速度不高时，基本上不采用；圆曲线型竖曲线具有便于铺设和养护的优点，当竖曲线半径较大时，近似于抛物线型。因此，我国城市轨道交通线路采用圆曲线型竖曲线。圆曲线型竖曲线半径应符合表3-4的规定。

表3-4　圆曲线型竖曲线半径

线别		一般情况（m）	困难情况（m）
正线	区间	5 000	3 000
	车站端部	3 000	2 000
联络线、出入线		2 000	
车场线		2 000	

二、纵断面设计还应考虑的问题

地下区间线路的纵断面设计，除了满足相应的坡度、坡段长度和坡段连接要求外，还应综合考虑隧道类型、拟采用的施工方法及运营特点等因素。

对于浅埋隧道，一般采用明挖法施工，宜靠近地面，以减少土方工程量，简化施工条件。同时，又要考虑在隧道上面预留足够的空间来设置城市地下管道，使之有足够厚度的土层来隔热，隧道内不受地面温度变化的影响。通常浅埋区间隧道衬砌顶部至地面距离不小于2米。由于车站本身要求的净空高度大于区间，因而浅埋车站一般位于凹形纵断面的底部。这种纵断面形式是进站下坡、出站上坡，导致列车进站制动和出站加速都需要耗费更多的能量，增加运营费用，影响运行条件。

第四节 限界

限界是指列车沿固定的轨道安全运行时所需要的空间尺寸。城市轨道交通车辆在隧道内运行，一方面，隧道结构内部要有足够的空间，以供车辆通行和布置线路结构、通信、信号、供电、给排水等设备；另一方面，为了确保列车安全运行，凡接近城市轨道交通线路的各种建筑物（如隧道衬砌、站台等）及设备，必须与线路保持一定的距离。因此，城市轨道交通规定有车辆限界、接触轨限界、设备限界、建筑接近限界等。城市轨道交通工程区间隧道的断面尺寸，就是根据这些限界确定的。限界越大，安全度越高，但工程量和工程投资也随之增加。因此，合理限界的确定，既要考虑列车运行的安全，又要考虑系统建设成本。

限界一般是按平直线路的条件，根据车辆的轮廓尺寸和技术参数、轨道特性、受电方式、施工方法、设备安装等综合因素进行分析计算确定。

城市轨道交通限界可以分为车辆限界、设备限界和建筑限界3种。

一、车辆限界

车辆限界应根据车辆的轮廓尺寸和技术参数，并考虑其静态和动态情况下所能达到的横向和竖向偏移量，按可能产生的最不利情况进行组合计算后确定。

（1）限界的坐标是二维直角坐标，车辆横断面的垂直中心线与平直轨道横断面的垂直中心线相重合，即纵坐标轴y，平直轨道轨顶连线为横坐标轴x，两轴相垂的交点为坐标的原点。

（2）车辆轮廓的限界应根据车辆横断面车体和下部设备外轮廓出现的各点，经研究分析确定各点的x、y值。

二、设备限界

设备限界是指车辆限界外保持一定的安全量的界线，即所有设备和管线的安装，在任何情况下均不得侵入的限界。设备限界是用以限制设备安装的一条控制线。接触轨限界属于设备限界的辅助限界。

曲线地段车辆限界或设备限界应在直线地段车辆限界或设备限界基础上加宽和加高。曲线地段车辆限界或设备限界应按平面曲线几何偏移量、过超高或欠超高引起的限界加宽与加高量、曲线轨道参数及车辆参数变化引起的限界加宽量计算确定。区间应急疏散平台严禁侵入设备限界。

三、建筑限界

建筑限界是指在行车隧道和高架桥等结构物的最小横断面所形成的有效内轮廓线，是在设备限界基础上考虑了设备和管线安装尺寸后的最小有效断面，所有构筑物的任何突出部分均不得侵入。在宽度方向上，设备和管线与设备限界之间应留出20～50毫米的安全间隙。

建筑限界不包括各种施工误差、测量误差和结构变形等因素。根据埋设方式不同、隧道横断面形态不同，建筑限界也有所不同。

在建筑限界以内、设备限界以外的空间，应能满足固定设备和管线安装的需要。在设计隧道及高架桥等结构物断面时，必须分别考虑其施工误差、测量误差、结构变形等因素，才能保证竣工后的隧道及高架桥等结构物的有效净空满足建筑限界的要求，进而保证列车安全快速运行。

对相邻区间线路，当两线间无墙、柱或设备时，两设备限界之间的安全间隙不应小于100毫米；当两线间有墙或柱时，应按建筑限界加上墙或柱的宽度及其施工误差确定。

第四章　城市供水管网的运行管理

第一节　管网构架和分区管理

一、管网构架

长期以来，供水系统输配水干管的规划设计都是按照规划期内最高日、最高时的用水需求进行的。40多年前国内多数城市供水事业处于供不应求的状况，管网的规格偏小、电耗高、低水压区域偏大；改革开放40多年来，城市一直处于飞速发展中，城市供水规模不断增加。近20年城市供水规模逐渐大于需求，导致不少城市管网暴露出以下弊端。①管道流速普遍偏低，有近60%的管道在1年内有近50%的时间处于呆滞水流状态，主要出现在连通管、配水管及配水支管上。②水从水厂送至用户的时间（水龄）在不断地延长，个别的高达数天。③南方某城市2015年最高日最高时供水，50.84%管道流速≤0.1m/s；中部某城市2015年最高日最高时供水，59.3%管道流速≤0.1m/s；西南某城市2015年最高日最高时供水，DN（公称直径）≥600的管道中有28.7%的管道流速≤0.1m/s。

近来有些学者、同人提出管网要重新按区块化理念进行改造。也就是说，水从水厂经输水管，配水主干管大环、中环、小环至用户端，水绕经的管线更长了，上述的问题将会趋于严重。

导致管网上述弊端的原因有以下几点。

（1）城市总体规划多变，具体表现在以下方面。

①占城市用水量60%的工业区，几年内彻底迁出。

②新建的经济开发区，一届政府一个指向，为其服务的供水管网一直紧

跟，留下若干不合理的隐患。

③中心城区及周边区县的供水缺乏统一规划，有时分而自治，有时谋求统一。

（2）近20年来，对在建城区的用水需求不做深入的调研，统一按规划部门拟定的建筑密度、居住密度、用水水平等进行需水量预测。城市外扩的新区，先按政府的设想规划，再招商引资，更容易导致规划与实际的脱节。

（3）某些省市行业部门拟定服务压力按28米水柱实施，减少多层建筑水箱的设置，导致配水管道呆滞水问题的恶化。

二、管网优化思路

首先应考虑水厂的水，应以较快的速度、新鲜的水质被送到用户家的水嘴，让用户饮用上新鲜的"活水"。为了管网管理的需要，应分区管理、分区计量。

（1）水由水厂输配至大用户的水龄要尽量短。

（2）管网运行的工压维持在中、低压的范畴。

（3）长距离输水管道及管网中输配水主干管的流速，尽量长期保持在经济流速范围内。换言之，用水的时变化系数引起的输配水波动由管网中高位水库、水库泵站、用户端的水箱及二次供水的储水池承担，使输水管道及管网中输配水主干管的流速按趋于高日平均时供水量的要求运行。

（4）采取以下措施，完善枝状管网的功能，弱化环状管网的改造。对于现有的输配水干管，通过修复性改造，恢复及提升其安全运行的质量；输配水主干管引出的枝状管，选用高质量阀门做控制阀，必要时采取双阀串联等技术措施，确保枝状管用户群出现故障时，尽量不影响主干管的运行；小区配水支管选用质量可靠的球铁管；推广不停水或停水快速恢复技术，确保枝状管道出现故障时，在4~12小时内修复；枝状管用户端在故障抢修期间，通过水箱、储水池能保持该用户端适当的用水储备量，必要时供水单位的送水车及时送去用户急需的用水；对于高层建筑及医院等用户，安装双进水通道亦是必要的。

（5）主干管上适当安装具有远传功能的流量计、压力计及水质检测等仪器，用户端特别是大用户安装远传水表，逐步形成智慧管网，掌握管网中负荷的动态变化，有利于管网模型的完善、供水运行调度和对用户的服务与监管。

三、消除管网上述弊端的措施

（1）城市供水能力再扩展时，净水厂增容，输配水干管减小建设规模或不建。因为城市供水的时变化系数在1.3以上，当供水规模扩大20%，输配水干管若按最高日平均时的供水量运行，原则上可以不扩容。

（2）管网内应增添供水规模扩大部分相应的储备能力，即增建高位水库、水库泵站、用户端水箱及储水池，从而总体减少工程造价及运行成本。

四、管网更新改造的重点

（一）输配水干管

（1）水泥压力管漏水接口的内修复。

（2）钢管、水泥压力管内衬的修复，包括内衬高强度水泥砂浆内胆，必要时增添薄壁不锈钢内衬。

（3）钢管阴极保护的修复。

（4）阀门及空气阀的检查和更换。

（5）管线节点高程、压力、流量、漏控等数字化远传信息的完善。

（6）逐步沿管道铺设光缆，有利于对管道运行中漏水、爆管的预警监管与大量运行信息的收集。

（7）干管的主控阀门、连通管的相关阀门逐步改造为远传电动控制，从而使管网成为调度中心可控的智慧化管网。

（二）高位水库及水库泵站

在管网中部或近末端较大用水点前后，选址建立高位水库或水库泵站时，选址及规模等应论证后敲定，用水低峰期向水库补水，用水高峰期水库向管网补水。

这样一旦多年后供水状况发生变化，高位水库自流进水或自流出水的压力不符合要求时，为水库增设辅助泵站亦是可行的措施，仍然是节能的，有些供水单位遇此状况就报废高位水库是欠妥的。

（三）用户端设立二次供水设施的思路

（1）二次供水设施应是城市供水系统的组成部分，二次供水的储备容量应是城市供水系统有效的调节容量。过去并没有将此二次供水设施列为城市供水系统的组成部分，其调节容量也就未被纳入管网计算。

（2）为保证用户用水的安全，城市供水单位监管或统管好二次供水设施责无旁贷。

（3）几幢建筑物1套二次供水设施不一定是经济的方案，应优化论证后选择经济方案。二次供水设施应纳入城市供水单位统筹规划，必要时区域性筹建二次供水设施。

（4）国家应立法，为了用水的安全，开发商应将楼盘二次供水设施的筹建费用及维护大修费用转交城市供水单位统筹解决。

（5）原有二次供水设施尽管受产权法的制约，为了用户用水的安全，建议将二次供水设施的经营管理委托给城市供水单位。

（6）城市供水单位可设立二次供水分公司或委托有专业资格的公司承担二次供水设施的经营管理。

五、供水管网的分区管理

供水管网的分区管理指管网的运行维护及对用户的营销管理，大体分以下3种模式：①管网、营业分专业及业务范围进行分离式条状管理；②以管段进行管网、营业分段承包管理；③管网划区进行管网、营业统一小条状分区管理。

（一）管理模式的适用环境

（1）管网、营业分专业及业务范围进行分离式条状管理，适用于城市发展期的供水管网。我国各城市的供水管网均采用此类粗放式管理。

（2）以管段进行管网、营业分段承包管理，适用于城市已达规模的供水管网，它在具备管段流量检测的条件下进行经济核算的承包管理。这种设定是虚拟的，在实际供水管网中没有案例。

（3）管网划区进行管网、营业统一小条状分区管理，适用于城市发展成熟期的供水管网。目前在经济发达的国家中，大城市内大兴土木的建设期已过，供水管网已经形成，深化管网管理、深化为用户的服务是重中之重，因此一个大型供水管网分成若干区，进行经济核算的承包管理，已取得了良好效果，在国内也有个别城市进行了这方面的探讨。

（二）管理的最小单元

一个大城市的供水管网覆盖了数百平方千米的面积，管道长达数千千米，在过去粗放型的分专业及业务范围条状管理中，往往出现一些环节、一些管道长期处于无人过问的状况。因此，研讨管网深化管理的问题时，如何划定管网管理的最小单元是必要的。

在环状管网或在枝状管网中，2个或多个控制（检修）阀门之间的管道为一管段，这应是管网管理的最小单元。在一管段中包括控制阀门、消火栓、空气阀、放空排水阀门、测流、测压等附属设施，还包括用户支管及水表。

倘若这一管段的两端装有流量计，这一管段由1人承包，则通过流量计及水表计量的核算，可明确管理的成效，对相关附属设施的强化管理，既容易办到，又容易收到实效。当然，这样的阐述是虚拟的，具体实施应根据实际规划进行。

（三）分区管理

分区管理，目前有2种讨论模式。

1.按大环统一的区块化管理

此种模式是主环干管、配水管及用户统一分块管理。

区内配水干管和配水管不分离，仅在配水干管和其他块相邻处设置计量节点，计量节点内包含远传的流量计、压力计（必要时增添水质仪表）。流量计规格大，计量精度差，对分区后的效益分析不利，但主环干管分解后避免了集中管理的环节。这种分区实质上把配水干管也分解了，这样一来没有必要对现有管网的流向进行大的调整，对管网的优化运行是有利的。并且用户端就近从管网中接管，呆滞水管段减少，用户端的水龄减短。

2.分层的区块化管理

区块化综合考虑分区供水、分区管理，进一步提出区块分大环、中环、小环3个阶层，第一阶层大环由管网中的配水干管组成，第二阶层中环由配水管组成，第三阶层小环由配水支管组成。

各区块实现供水干管和支管功能分离，通过设置的管网监测设备，可对各区块的水量、水压、水质进行监测和有效管理。为了供水的安全性，在临近区块间（大环之间）设置连通管，通过调研和水力模型，对分区方案进行优化。

由配水主干管和配水次干管组成的大环，由内部配水管组成的中环，在各个街坊以配水支管形成若干个小环，在配水支管内引接向用户端的进水管。中环有3处和大环相接，每处设置计量节点，计量节点内包含远传的流量计、压力计（必要时增添水质仪表）；若干小环分别以多处和中环相接，每组小环以与中环相关的2～3处计量节点加以控制；各小环内有若干通向用户的进水管，进水管上设有总水表及每个用户的水表，这些水表均应有远传功能，超过5 000户的小区总进水管可为1～2条，分别设置计量节点，组成独立计量管控的（DMA）系统。

（四）分区管理的优点

（1）由于第一阶层的大环由配水干管组成，仅肩负输水功能，相当于管网中的高速公路，因此水龄短，水头损失小。

（2）第二、三阶层出现故障时，对整个管网影响甚微，从而提高了整个管网的安全、可靠性。

（3）对管网系统的梳理，便于水量、水压、水质的管理，同时使管网的模拟计算变得容易。

（4）区块化亦有利于分区的计量管理，在每一个管段上都装上流量计是不现实的，但是将一个管段扩展到若干个管段，形成管网的一个小区（块），由一个群体进行管网维护、营销管理的承包，是可行的。具体而言，也就是将现在的管网所和营业所合并后，分成若干个区（块），独立进行核算管理。

（5）管理的范围缩小了，管网的现状与历史、相邻其他管线的情况就容易熟悉和掌握。

（6）大环统一的区块化管理、分区管理原则上不调改管网结构，动用的资金较少；但分层区块化管理，要调改管网结构，动用的资金较多。

（7）对用户的服务更贴近。

（8）对管网的维护管理更具体。

（9）对管理成效的经济考核及漏损控制更有效。

（10）有利于对管网技术改造的探索与落实。

（11）促使在分区管理部门间开展管理水平的竞争，削弱垄断性行业管理上的一些常见弊端。

总之，管网分区管理后，既不削弱原来统一管理的优势，又改善了管网统一管理的粗放性，在城市供水系统基本形成的大中城市，是值得探讨的一项措施。若是城市建设还处于发展期，则管网不宜分区或不宜分区过小。

但是，供水管网分层区块化规划，使管网总长度有所增长，输配至某用户的水龄有所增加，原有管网的改造难度较大，枝状末梢及呆滞水管段增多。

为了管网的运行管理和营销管理，增添管道长度与用水点的水龄是不恰当的。应该以减少管网投资、节省管网能耗、减小用水点的水龄为优化管网的前提，在此基础上寻求管理的合理性，这样才是恰当的。因此，应在不增加输配至某用户的水的水龄的原则基础上，寻求分区管理、分区计量的管理模式。

（五）分区管理的推行策略

（1）先在管网中边缘划定一个区块，进行管网和营业的统一管理，建立相应的管理机构及管理制度，积累经验。

（2）逐步在管网中边缘划出若干区块，进行上述的统一管理，进一步积累经验。

（3）对整个管网进行分区的方案设计及可行性论证，在统一认识的基础上逐渐推广。

（4）管网亦可先分大区，再分成小区改变原有的管理习惯。

（5）分区管理务必将激励机制和完善竖向监督管理结合起来。

（6）当前国内一些供水单位在不改变管网、营业管理的前提下，将管网分出独立计量分区进行检漏普查，已经在降低漏损率上取得了一定的成效，当然也是向日后的分区管理迈出了一步。

（7）供水管网以计量分区的方式进行分区管理有以上阐述的优点，但也应认识到目前大直径流量计计量误差是比较大的，难以将上述优点公正地体现，因此在管理考核措施上应有相应的细则。

六、以上讨论归纳为以下几点

（1）目前供水管网流速偏慢、呆滞水管段偏多的状况，在不少城市均存在。

（2）输配水主干管按最高日平均时的供水量设计，把调节容量放在用户端建设，可以改善上述问题。倘若输配水主干管按平均日平均时的供水量设计，则会促进更大的改善，但是呆滞水管段永远是存在的，应有相应的管理措施缩小其带来的影响。

（3）对供水单位而言，二次供水不是包袱，是资源，是为用户供好水的最后一道坎。二次供水设施应纳入城市供水单位统筹规划与管理，必要时区域性筹建二次供水设施，二次供水的调节容量应纳入城市管网的计算。

（4）管网分区域实施计量管理是必要的，但只能达到宏观的控制，不宜追求高精度的流量计量。因为特大直径、高精度流量计价格昂贵，且目前无法完成正确的校验。因此，采取管网分区域实施计量管理来统计、分析漏损率的状况，只能是宏观的，从变化规律中寻求差距。

第二节　城市供水管网的管道并网

管网管理部门在加强对管网管理的同时，对新并网的管道更应严格管理。

一、设计审查

供水单位的管网管理部门应积极参与将要并网的新管道设计图审查，从运行、维护的角度审查管道设计图的合理性。

承担输配水管网设计、施工、监理的单位及个人，应具有相应的资格。管道的设计和施工，除应满足现行国家标准《室外给水设计规范》（GB 50013—2006）、《给水排水管道工程施工及验收规范》（GB 50268—2008）、《给水排水构筑物工程施工及验收规范》（GB 50141—2008）的要求外，供水单位可根据本单位的使用和管理需要，制定具体的技术要求。管道的设计、施工执行的国家相关标准是通用标准，供水单位制定的具体的技术要求是为了便于实际操作，满足供水单位的使用和管理需要。输配水管道及用户支管的走向、埋深，原则上按城市规划和室外给水设计规范的要求铺设，但要考虑日后维护抢修的可行性。参与审查管网规划时，一旦主要输水管的某管段检修，应审查供水区域能否保证大于或等于70%的供水量。

供水管网中使用的设备和材料是指与生活饮用水接触的输配水管、蓄水容器、供水设备、机械部件（如阀门、水泵）等；防护材料是指管材、阀门与生活饮用水接触面的涂料、内衬材料等。供水管网中使用的设备和材料，应符合现行国家标准《生活饮用水输配水设备及防护材料的安全性评价标准》（GB/T 17219—1998）的规定，应符合卫生要求，不应影响输送水的水质。

同理，由于各地供水管网铺设环境、水压、水质和用户需求等条件不同，因此管道的管材、管件、设备、内外防腐材料的选用及阴极保护措施的选择，在符合国家通用标准的基础上，供水单位可根据本单位的使用和管理状况，制定符合各地区实际的具体技术细则，以满足各地供水管网实际运行维护管理工作的需要。

供水单位在选用阀门时，除符合国家相关规定外，还应考虑供水管网的具体运行工况条件、水力特性、密闭性和便于操作维护等实用性能。阀门井的结构设计首先应有利于从地面上对阀门的启闭操作，应考虑维护人员出入阀井的方便，并有一定的井内操作空间，有利于井内设施的维修养护和维护人员的安全。一座城市的供水管网中有成千上万件阀门，除应考虑阀门的先进性外，亦应考虑形式的通用性，避免五花八门，有利于维护与管理。

对于质量优异的软密封闸阀，井室结构宜选用免维护型。

软密封闸阀的加长杆采取多杆管组配的直埋式结构，多杆管组配可适合阀门不同埋深的需要，无须阀门厂方为不同埋深的阀门制造专用的加长杆。

消火栓、空气阀及阀井等设备、设施在严寒地区要考虑防冻问题，同时这些设备内的水又有机会与空气直接接触，特别是空气阀吸气时，阀门井设施应考虑防止管道二次污染问题。

对于在道路下配水干管上的空气阀井，空气阀进排气可用管道接至人行道边，露出地面，必要时用小品雕塑装饰。空气中的粉尘等吸进管内亦是污染，可在引出管上安装三通，两端分别装止回阀，一侧只可排气不可进气，另一侧只可进气不可排气，且装有除尘装置。

对于在农田或绿带下配水干管上的空气阀井，可高出地面。

架空管道相对于埋地管道处于较高位置，曝露在大气中，应有良好的防腐蚀涂层；管道的造型与色彩应与环境相协调；应设置空气阀、伸缩节和固定支架，有抗风、耐震和防止攀爬等安全措施；在严寒地区应有防冻措施，并应设置警示标志。

由于水下穿越管道上覆土较少，易被冲刷和发生上浮事故（当抽排管内存水维修时），因此为确保管道的安全运行，防冲刷和抗浮可采取管道混凝土包封、河床混凝土护底或混凝土压块等安全措施。穿越通航河道等的水下管道，为防止船只在管道附近抛锚造成管道破损，应在两岸设置水线警示标志，注意河堤基础及堤岸的加固，防止洪水的冲刷。

柔性接口的管道，应在弯管、三通、管端盖堵等容易位移处，根据情况分别加设支墩。但限于管道施工现场的铺设条件，在大直径管道的容易位移处加设支墩难度较大，因此可考虑采用防脱拉箍、防滑脱胶圈或铠装接头等措施减小支墩尺寸。

防脱拉箍，利用拉箍与管表面的摩擦力来减小柔性接口的滑脱力。拉箍安装在管道插口端应垫胶皮，增加卡箍力，减小支墩尺寸。

防滑脱胶圈，它是不改变管承插口T形接口的形式，仅是传统的T形胶圈的内斜面均匀分布了数个防滑脱钢钉，钢钉与铸管插口接触面设计了2道斜锯齿。

在施工装配过程中，钢钉斜锯齿方向和插口推进方向一致，与T形胶圈的装配力相同。当球铁管受力往外拔脱时，由于摩擦力的作用前端管表面往外挤压，致使防滑钢钉的锯齿往里翘起，从而具有较强的防滑脱力。

试验证实，在管材、管件承插口尺寸符合产品标准的要求时，DN100～DN400带有防滑脱胶圈的承插口，可承受1.4MPa内水压力不松脱；DN600带有防滑脱胶圈的承插口，可承受1.0MPa内水压力不松脱。由于在管道安装中，承插口尺寸有时会超标，因此在安装三通、弯管及相邻管节的承插口时应严格检测尺寸，只有这样才能保证安装防滑脱胶圈后可免砌支墩或减小支墩尺寸。在核算抵挡支墩外推力时，有时应将相邻管节纳入核算，安装防滑脱胶圈的接口是个变数。

铠装接头，为了防止预应力钢筒混凝土管承插式接口轴向位移，特制的限制性接头，用于管件附近可减小支墩尺寸或免做支墩。这类限制性接头包括铠装式抗拉接头承口螺栓式铠装接头、开口环限制性接头、焊接接头、法兰接头等。配用了铠装接头的标准管、异形管均称为铠装管，铠装接头的配件均称为铠装配件。铠装式抗拉接头为了现场安装方便，将卡环分成2个半圆环，安装时在其端头用螺栓紧固。

管道内部由于各种原因会积聚气体，排气不畅影响输水，严重时会影响供水系统的稳定和安全运行，甚至形成水锤，造成爆管。当输配水干管高程发生变化时，应在2个控制阀门间的高点设置空气阀；在水平管线上应按一定距离（500~1 000米）设置空气阀；空气阀的形式、规格、间距应经设计计算确定。同时，采取减缓充水速度等技术措施，是解决管道排气问题的有效办法。对于单线距离较长、高程变化较大的配水管道，亦应在高点处设置空气阀。

在管道2个控制阀间的低点处设置排放管及排放阀门，优选抽水的位置，应在可就近排放处。当管道爆管抢修、正常维修及引接分支管时，如能在排放阀门处将管段内水抽排完，有利于提高抢修、维修作业坑内操作的效率。

在管道上临近河渠附近适当设置冲排管及冲排阀门，既可以用于管道并网前的清洗冲排，同时又能用于管道维护时或出现水质、爆管事故后的清洗冲排。通常冲排阀门排水，无法起到管段内水排空的作用。

当用户内部管道有多种水源连通时，该管道再与城市供水管网连接，会产生因压力差或虹吸形成的倒流，致使其他水源流入城市供水管网，威胁城市供水管网的供水安全。

《室外给水设计规范》（GB 50013—2006）中第7.1.9条文系强制性条文，规定："城镇生活饮用水管网，严禁与非生活饮用水管网连接，严禁与自备水源供水系统直接连接。"

《生活饮用水卫生标准》（GB 5749—2006）明确规定："各单位自备的生活饮用水供水系统，不得与城市供水系统连接。"

《建筑给水排水设计规范》（GB 50015—2003）（2009年版）中第3.2.3条文系强制性条文，规定："城市给水管道严禁与自备水源的供水管道直接连接。"

为了确保城市供水管网的安全，对于存在倒流污染可能的用户管道，有必要在用户管道和城市供水管网之间设置防止倒流的设备，对化工、印染、造纸、制药等一些特殊用户应采取强制物理隔断措施。

《建筑给水排水设计规范》（GB 50015—2003）（2009年版）中第3.2.5条文系强制性条文，规定如下。

从生活饮用水管道上直接供下列用水管道时，应在这些用水管道的下列部位设置倒流防止器。

（1）从城镇给水管网的不同管段接出2路及2路以上的引水管，且与城镇给水管形成环状管网的小区或建筑物，在其引水管上。

（2）从城镇生活给水管网直接抽水的水泵的吸水管上。

（3）利用城镇给水管网水压且小区引入管无防回流设施时，向商用的锅炉、热水机组、水加热器、气压水罐等有压容器或密闭容器注水的进水管道上。

防止倒流污染的装置应选择水头损失小、密闭性好、无二次污染和运行安全可靠的装置。

尽管管道倒流防止器能有效防止水的倒流，但它导致的水头损失较大，在局部升压的二次供水系统中是可以承受的，对于低压供水的城市供水管网是难以承担的。另外，这种倒流防止器的排水系统尚存在遭受污染的问题，因此常用水头损失较小、止回严密性较好的止回阀代替（如水头损失仅1米的球形止回阀、旋转式橡胶板止回阀、静音式止回阀等，其密闭性尚好），同时强调对止回阀的定期维护管理。

为便于非金属管道的物理探测，需要在管道上增设金属标志带；在采用水平定向钻进等非开挖施工技术，拖进聚乙烯（PE）等非金属管的同时，可拖入1根管道直径40毫米的塑料管作为探测导管，且两端做好探测导管的导入出井，导入出井间距最大不超过200米，内穿金属标志带或粗铜线，也可空置，用于日后物理探测。

近年城市规划要求新建道路的同时，务必设置市政综合管廊，要求输、配水管道纳入管廊。目前，对入廊管道的设计、施工及运行管理尚缺乏经验，有待实施过程中总结提高。粗略提出以下注意事项。

（1）入廊的供水管道的管材主要选用钢管与球铁管。钢管应处理好内衬外防问题，钢管铺在管廊内，类似明管铺设，外防腐质量影响管材锈蚀，内衬完善程度影响水质及管材锈蚀。球铁管应处理好接口防脱问题，中、小直径球铁管建议采用防滑胶圈，大直径球铁管建议采用自锚接头；球铁管类同钢管，应处理好内衬外防问题。

（2）管廊内配水管的支架、吊环等应与管材一样，满足50年的使用寿命。

（3）配水管约120米有一出口支管，以便管廊外安装消防设施。

（4）输配水管道引出管廊时增设手工控制阀，以便管廊内管道出现故障时，可从廊外隔离处置。

（5）设置在市政综合管廊内的供水管道，其位置与其他管线的距离应满足最小维护检修要求，净距应不小于0.5米。

（6）供水管道宜与热力管道分舱设置，严禁与燃气、污水等管道在同一沟内。

（7）设置在市政综合管廊内的供水管道，应有监控、防火、排水、通风、照明等措施。管廊中控室应可通过光缆及相关设备，了解管道关键点的水压、流量（必要时包括水质数据），漏水与爆管预警；远控管廊内控制阀门的启闭；通过摄像设备观察廊内管道外观。

（8）管廊还应具备施工及维护检修人员通行、安装维修设备和材料运输的条件。

二、完工验收

供水单位的管网管理部门应认真参与管道施工质量的验收，从运行、维护的角度评估管道施工质量的可靠性。

《给水排水管道工程施工及验收规范》（GB 50268—2008）中第9.1.10条文系强制性条文，规定："给水管道必须水压试验合格，并网运行前进行冲洗与消毒，经检验水质达到标准后，方可允许并网通水投入运行。"

水压试验是管道施工质量最直观的检测手段。当设计有要求时可按设计要求实施，其试验结果应满足规则及设计要求。

管道冲洗消毒前，应保证管道内无杂物。直径大于或等于1 000毫米的管道必须认真进行人工清扫与清洗，开始清扫前要做好安全防护措施，重视管内通风换气，确认无毒害气体后方可进入清扫，清扫完毕后带出垃圾；直径小于1 000毫米的管道，亦必须采取有效措施，如管子在入沟排管前认真清扫，管道施工的间断期间，严格进行管口封堵。

管道冲洗应制订方案，其中包括对管网供水影响的评估及保障供水的措施等。

由于新建、改建管道的冲洗消毒与并网连接需要停水作业，不但影响城市居民的用水，而且对周边环境影响也很大，可能发生各种意料不到的状况，因此要求在停水作业前应有施工方案及应急预案，施工方案及应急预案应取得设计部门的核定，还要征得供水单位调度部门的同意。

管道冲洗消毒应包括下列程序。

（1）在管道工程设计或施工组织设计时，应拟定管道完工后的冲洗方案，包括合理设置冲排口、铺设临时冲排管道，必要时可利用运行中的管道设置冲排口排水。

（2）管道冲洗应在管道试压合格、完成管道现场竣工验收后进行。管道冲洗的主要工序包括初冲洗、消毒、再冲洗、水质检验和并网。

①初冲洗可选用水力、气水脉冲或弹性清管器等冲洗方式。

②初冲洗后应取样测定，当出水浊度小于3.0NTU时方可进行消毒。

③消毒宜选用次氯酸钠等安全的液态消毒剂，并按规定浓度使用；管道消毒控制的余氯值应视管道内壁清洁程度及内壁材质而定，若管道内壁清洁程度较好，亦可用含氯的自来水浸泡。

④消毒后应进行再冲洗，当出水浊度小于1.0NTU时方可进行生物取样培养测定，合格后并网连接。

为便于供水单位实施并网前的各项操作和管理，施工单位应将施工管道的相关资料、阀门位置及数据等图纸提交供水单位，工程全部竣工后应向供水单位提交全部竣工资料。

三、并网连接

为保障城市供水管网的安全运行，管道并网连接前，新管道尚未纳入城市供水管网，其管道上的阀门设备等应由施工单位负责操作和管理；并网连接后，并网管道已纳入城市供水管网，其阀门设备等应由供水单位负责操作和管理。

为了减小停水施工给城市居民带来的影响，管道并网连接时有条件的应尽量采用不停水施工的方法；没有条件的也应在停水24小时前通知停水区域的用户，提前储水；停水最好安排在夜间进行；施工单位要认真组织，确保在停水时间段内完工；供水单位管网管理部门也应有应急预案，配合施工单位按时完工；对由于各种原因不能在原定停水时间段内完工的，要有紧急应对措施。

输配水干管并网连接后，其连接处周边管网由于流向发生变化，极易出现黄水等水质问题。输配水干管并网连接前，宜通过管网数学模型等方法对并网后的水流方向、水质变化等情况进行评估，如对管网水质影响较大时将原有管道冲洗后实施并网作业，这是确保服务质量的重要措施。

管道施工单位应在冲洗消毒和进行水质检验合格后72小时内并网，冲洗消毒后，因检测水质需有一定时间，并网时水内消毒剂已失效，应排放管道内的存水。

管道并网运行后，原有管道需废除时，应截止分水口，不应留存呆滞水管段；做好原有用户的改接工作；拆除的管道与设备应及时退库、停用，无法拆除的管道在竣工图上标注其位置、起止端和属性。审查竣工图时，应审核拆除管道与设备的退库清单，不允许资产流失。

管道的竣工资料是供水单位进行管网管理的基础，及时提交竣工资料是对管道施工单位的基本要求。管道施工单位应在管道通水后60天内向供水单位提交竣工资料。

四、并网运行

输配水干管并网过程中应加强泵站、阀门的操作管理，防止水锤的危害。泵站和阀门操作中应注意启闭速度，力求缓开缓闭。

输配水干管阀门启闭速度过快可能造成管网部分或较多管段出现负压，产生管道水柱中断，发生水锤，易引起爆管。合理控制阀门启闭速度，可获得更好的安全运行效果。

水锤综合防护措施应包括对管网系统全面的防护，它包括：停泵水锤、开泵水锤、关阀水锤、开阀水锤及管网调节运行中的水锤等的综合防护。

对于输配水干管阀门的启闭，有条件时应进行调节过程的水力过渡分析计算，进行数学模拟，拟订方案，以确保管网安全。

启闭阀门所引起的管道中水击现象，多数是属间接水锤范畴。在相似的水流条件下，间接水锤比直接水锤的能量要小，危害较弱，但迅速启闭阀门，迅速向空管内充水，可能发生上述的直接水锤。

主输水管道阀门关闭过快亦可能造成管网部分或较多管段出现负压，产生管道水柱中断，进而发生断流弥合水锤。断流弥合水锤升压较高，并具有传播性，易引发多处断流弥合水锤，其多处弥合水锤升压的叠加，往往超出管道可承受的极限，导致爆管。进行关阀水锤定量计算，确定主要管道阀门的关闭速度，可获得更好的安全运行效果。

启泵或开阀前管网中存水和存气的状态对启泵或开阀水锤防护有着不可忽视的影响。大体可分为3种情况。

1.水泵正常启动或开阀，可认为管网中充满水而不含气。应分析水量增加的速度对管网升压的影响，从而根据相应的分析计算或经验确定水泵启动或开阀的操作规程。

2.突然停泵或停水较长时间后再次启动水泵或开阀，可认为管道中水不是完全充满的，部分管段存有一定量的气体。应充分考虑管道内存在气量及其排出方式，应严格控制充水流速，使管段充水流速控制在0.2～0.4m/s之间；待管道内气体完全排净后，方可逐步加大流量至设计工况。

3.新建管网初次通水启泵或开阀充水，管道基本充满空气，可能也有少量的水。应采用关阀启泵方式，开阀亦应先开启5°～10°，严格控制管道内充水流速在0.2～0.4m/s之间。当管道末端或计划的充水终点管道见水时，仍不能认为管道已完全充满水而过快加大充水量，而应注意检查管道中空气阀的工作状况，然后逐步加大管道充水流速；经过较长一段时间，确保管道完全不含气时，再加大充水量至设计值。

（1）控制管道内充水流速在0.2～0.4m/s之间，有下列方法。

①根据流量计的显示，控制阀门的开启度。

②检修控制阀门设计为母子阀，根据阀前压力、子阀全开启条件确保主管的充水流速在0.2～0.4m/s之间，计算子阀的规格，这样在现场先开启子阀向主管充水时，很容易掌握。

（2）接入城市供水管网的大用户应在核定的流量范围内用水，并应符合下列要求。

①对于小时用水量变化较大且超出核定流量范围的大用户应加装控流装置，使其用水量控制在核定流量范围内。

②直接向水池、游泳池等进水的大用户，充水的流量较大，容易使附近供水管网压力陡降，在采取控流措施的同时，进水时段的计划应征得供水单位同意，接受供水单位监管。

大用户的用水量变化幅度较大,甚至大幅度超出水表核定的常用流量,因此可要求大用户自建蓄水装置,恒量进水,调蓄用水。

控流装置主要是指加装控流阀门或控流孔板等,供水单位可通过在线检测设备,进行远程管控。

住宅建筑二次供水系统的水池、水箱在设计时应考虑将充水管直径缩小以实现控流。

第五章 城市供水管网的更新改造

第一节 城市供水管网更新改造概述

一、管道检测与评估

供水管道更新改造前应对原有管道进行检测与评估。

（一）检测与评估的目标

1.确定缺陷类型。

2.确定选用整体改造或局部修复。

3.确定选用结构性改造、半结构性改造或非结构性改造。

4.判定采用开挖改造或非开挖改造工艺。

（二）管道检测

供水管道检测应采取保护人身安全的措施，检测过程中不应对管道产生污染，并应减少对用户正常用水的影响，宜采用无损检测方法。

1.检测内容

管道检测内容应包括常见的缺陷，比如缺陷位置、缺陷严重程度、缺陷尺寸、特殊结构和附属设施等。另外还有结构性缺陷和功能性缺陷，结构性缺陷包括裂缝、变形、腐蚀穿孔、错口和接口材料脱落等；功能性缺陷包括沉积、腐蚀瘤、水垢、污染物和障碍物等；特殊结构和附属设施包括异形管件、倒虹管和阀门等。

2.检测方法

管道检测可采用电视检测（CCTV）、目测、试压检测、取样检测和电磁（PCCP）检测等方法。

（1）电视检测：电视检测是应用最广泛的管道检测方法，其检测成果是管道评估和管道改造方法选择的重要依据。在供水管道非开挖更新改造工程中，一般均应在设计和施工之前进行电视检测。电视检测不宜带水作业，当现场条件无法满足时，应采取降低水位措施或采用具有潜水功能的检测设备。

（2）目测：目测应符合下列规定。

①目测应检测管道外表面及管内两方面。

②进入管内目测的管道直径不宜小于1 000毫米。

③确认管道内无异常状况后，作业人员方可入内作业。

④作业人员应穿戴防护装备，携带照明灯具和通信设备。

⑤在目测过程中，管内人员应将检出的缺陷在管内做好标记，推算离某三通口或阀门的距离，并做好文字记录。

⑥在目测过程中，管内人员应与地面人员保持通信联系。

⑦当管道坡度较大时应采取安全措施后再进行管内目测。

（3）试压检测：待检测的管段不是新建管道，其承压能力较新建管道已经下降，因而此处试压检测的试验压力不宜过大，避免因试验压力过大造成对管道结构的破坏。试压检测的具体方法可根据实际需要灵活变化，如以下几种。

①可先对管道注水加压到试验压力，之后停止注水稳定一段时间，并同步观测压力降随时间的变化情况。

②可对管道注水加压到试验压力，之后不间断补水使试验压力恒定，维持这种恒压状态一定时间，并同步记录补水量，通过补水量间接反映管道在恒定的试验压力下的渗水速率。

（4）取样检测：取样检测的管段可通过几何测量、钻孔和力学试验等方法进行直观检测。

（5）电磁（PCCP）检测：电磁（PCCP）可采用电磁法探测与声发射检测技术。

①电磁法探测的设备：设备包含由感应线圈制成的激励探头及接收探头。探测过程中，激励探头感应产生2种磁场。

a.直接磁场（空气耦合磁场），在管道内经空气直接传播到接收探头的磁场。

b.间接磁场（线圈耦合磁场），激励探头在管内某一侧感应产生不断变化的磁场。该磁场沿管道圆周传播后到达另一侧的接收探头，在接收探头中感应产生电压，在此传播路径上如果出现干扰（断丝、管道接头），接收信号的振幅及相位就会发生变化。

②声发射检测：电磁（PCCP）发生断丝时，能量释放形成声发射，安装在管道内部的传感器接收声信号。数据传输到采集系统，系统识别出反映断丝特征的信号，通过Internet传输到中央处理设备，经过分析处理后，就能及时确定断丝数量、断丝位置。

（6）传感器布设的方式有以下几类。

①水听器测站：从阀门或其他位置将单个水听器插入管道水流中，安装时管道不需停运，适于大管径，管径越大间距可越大，DN4000（600米）、DN2000（250米）。

②水听器阵列：将多个水听器（最多32个）按一定间距连接在一根数据传输电缆上，采用专用装置将水听器阵列布设在管道内。安装时管道不需停运，水听器阵列最大长度1.6千米，管径越小，间距应越小。

③表面安装型传感器：沿管线将压电传感器安装在管道外侧的砂浆保护层或附属设施的表面。不需在管道内安装设备，工作量小。

适用于电磁（PCCP）运营阶段的连续、自动监测，是目前唯一的非侵入式、不需排空管道的电磁（PCCP）检测方法。

（三）管道评估

1.评估原有管道的缺陷，包括以下2个含义。

（1）结构性缺陷：管道结构遭受损伤，影响强度、刚度和结构稳定性的缺陷。

（2）功能性缺陷：管道结构未受损伤，只影响过流能力、水质的缺陷。

管道评估应依据管道基本资料、运行维护资料、管道检测成果资料等，进行综合评估。

关于非开挖改造的管道评估的内容，目前国内还没有相关的供水管道检测与评估技术规程，只规定了非开挖改造的管道评估的总体原则，为供水管道非开挖改造的设计提供原则性规定。管段状况与改造工艺的对应关系可参考表5-1选择。

表5-1　管段状况与改造工艺的对应关系

管段状况	宜采用的改造工艺
管体结构良好，仅存在沉积物、水垢、锈蚀等功能性缺陷	非结构性改造
管体结构基本良好，存在腐蚀、渗漏、穿孔和接头漏水	半结构性改造或局部修复
管体结构性缺陷严重，普遍外腐蚀，爆管频繁，漏损严重，强度不能满足要求	结构性改造

2.管道评估报告应包含下列内容

（1）竣工年代，管道用途，管径及埋深，管材材质和接口形式，设计流量和压力，结构和附属设施，工程地质和水文地质条件（包括管道所处地基情况、覆土类型及其厚度、地下水位等）。

（2）周边环境情况，主要包括：原有管道区域内交通情况，其他管线、构（建）筑物与原有管道的相互位置关系及属性等基本资料。

（3）管道运行维护资料。

（4）电视检测、目测、试压检测、取样检测等管道检测资料。

（5）管道缺陷分析的定性、管段整体状况评估及建议采用的改造方法。

非开挖更新改造工程设计前应详细调查原有管道的基本概况，并应取得管道检测与评估资料。

二、管道更新改造方案

更新改造工程的设计原则应符合下列规定。

（1）更新改造后管道的流量和压力应满足使用要求。

（2）更新改造后管道的结构应满足承载力、变形和开裂控制要求。

（3）更新改造后管道应满足水质卫生要求。

（4）原有管道地基存在失稳或发生不均匀变形的情况，应进行处理。

非开挖更新改造方法的选择应根据检测与评估资料进行技术经济比较后确定。在初步设计阶段或基础资料不完整时，非开挖更新改造方法可按表5-2的规定选取，修复工艺种类和方法可按表5-3的规定选取。

表5-2　供水管道非开挖修复更新方法

非开挖修复更新方法	适用范围和使用条件							
	适用管径（mm）	原有管道材质	内衬管材质	注浆需求	最大允许转角[1]	修复后管道横截面变化	原有管道缺陷	局部或整体修复
穿插法	≥200	各种管材	球铁管、PE、钢管等	根据实际要求	11.25°	变小	结构性缺陷	整体修复
翻转式原位固化法	200～1 500	混凝土类管、钢管、铸铁管等	玻璃纤维、针状毛毡、树脂等	不需要	45°	略变小	非结构性、半结构性缺陷	整体修复
碎（裂）管法	50～750	各种管材	球铁管、PE、钢管等	不需要	0°	可变大	结构性缺陷	整体修复
折叠内衬法　工厂折叠	100～300	混凝土类管、钢管、铸铁管等	PE	不需要	11.25°	略变小	非结构性缺陷	整体修复
折叠内衬法　现场折叠	100～1 600		PE	不需要	11.25°	略变小	非结构性缺陷	整体修复
缩径内衬法	200～1 200	混凝土类管、钢管、铸铁管等	PE	不需要	11.25°	略变小	结构性、半结构性缺陷	整体修复
不锈钢内衬法	≥800	混凝土类管、钢管、铸铁管等	304L、316、316L	根据实际需要	90°	略变小	非结构性、半结构性缺陷	整体修复
水泥砂浆喷涂法[2]	≥100	混凝土类管、钢管、铸铁管等	水泥砂浆	—	—	略变小	非结构性缺陷	整体修复

非开挖修复更新方法		适用范围和使用条件							
		适用管径（mm）	原有管材质	内衬管材质	注浆需求	最大允许转角[1]	修复后管道横截面变化	原有管道缺陷	局部或整体修复
环氧树脂喷涂法[3]	离心喷涂	200~600	混凝土类管、钢管、铸铁管等	环氧树脂	—	—	略变小	非结构性缺陷	整体修复
	高压气体喷涂	≤150							
高强度水泥砂浆内胆喷涂法		≥600	混凝土类管、钢管、铸铁管等	高强度水泥砂浆	根据实际要求	—	略变小	结构性、半结构性缺陷	整体修复
局部修复法	不锈钢发泡筒法	≥200	混凝土类管、钢管、铸铁管等	不锈钢、发泡胶	不需要	—	—	半结构性缺陷	局部修复
	橡胶涨环法	≥800		橡胶、不锈钢带					
	水泥基系列堵漏材料	≥800	混凝土类管	水泥基系列堵漏材料					

注：[1]相同直径并且管道转角符合本表规定的管道，可设计成同一个修复段，否则应按不同管段进行设计。[2]、[3]与管壁厚度小于正常管壁的70%时，不宜选用水泥砂浆喷涂法和环氧树脂喷涂法。

表5-3　供水管道非开挖修复工艺种类和方法

修复工艺种类	设计考虑的因素	可使用修复方法
非结构性修复	内衬修复要求；换行原有管道内表面情况以及表面预处理要求	水泥砂浆喷涂法
		环氧树脂喷涂法；原位固化法；折叠内衬法；不锈钢内衬法
半结构性修复	内衬修复要求；原有管道剩余结构强度；内衬管需承受的外部地下水压力、真空压力	砂浆内胆喷涂法；原位固化法；缩径内衬法；不锈钢内衬法；局部修复法
结构性修复	内衬修复要求；内部水压、外部地下水压力、土壤静荷载及车辆等活荷载	砂浆内胆喷涂法；缩径内衬法；穿插法；碎（裂）管法

表5-3进行半结构性修复内衬设计时，应确保原有管道具有足够的剩余强度和承压能力。可利用修复前管道输送能力、管道本体强度测试、电视检测等多种方法调查评估原有管道剩余承压能力。

对铸铁管、混凝土管、复合材料管等脆性管道进行内衬修复时，若不能准确评估原有管道剩余强度，应考虑进行结构性修复。

对钢管进行内衬修复时，由于钢管韧性强，剩余强度可以判断，当剩余强度足够高、不存在隐形裂纹导致承压能力不足等隐患时，可考虑降低内衬管厚度。

另外，供水管道属于压力管道，在管道运行过程中存在水锤现象，水锤导致的正负压力波动会对内衬管的受力产生较大影响。根据国家标准《给水排水工程管道结构设计规范》（GB 50332—2002）中第3.3.6条的规定，压力管道在运行过程中可能出现的真空压力标准值可取0.05MPa，因而在内衬设计时将此真空压力值（0.05MPa）作为管道需承受的外压的一部分。这样，内衬设计时，管道需承受的外部压力不仅包括外部静水压力、土压力、地面活荷载，还包括真空压力。

水力计算应符合现行国家标准《室外给水设计标准》（GB 50013—2018）的有关规定。

第二节 非开挖施工工艺

一、在规划位置上另行铺设新管

在规划位置上另行铺设新管，有人工顶管、机械取土顶管、水力冲刷顶管、不取土的穿刺顶管和钻孔机水平开孔牵引铺管5种方式。

（一）人工顶管

供水管道是压力管道，人工顶管施工有2种方式，一是顶套管法施工，二是直接用供水管顶压施工。

当管道穿越不允许中断运行的铁路、重要公路、主要街道以及不能断流的河道时，为了不影响交通、市容、通航，采用顶管工艺的不开槽施工法是十分必要的。至于长距离顶管施工，在技术经济合理的条件下，在国内供水管道工程中也已被采用。

顶管时，首先在顶管沿线要弄清地下其他构筑物的情况。其次在高程上应确保其他构筑物的安全。

穿越铁路的套管一般使用钢筋混凝土管，水管使用焊接钢管，管内外做防腐处理。在顶管法施工时，套管直径比水管直径大600毫米以上，并不小于1 000毫米。若是采用将铁轨加固、较短距离的开槽法施工，套管直径可比水管直径只大300毫米。若水管穿越的是运输量不大的铁路支线，在铁路有关部门的许可下，也可以不设立套管。

若是水管直径较小，穿越铁路支线的距离较短，有时采用承插式球铁管。在无套管时，接口位置应在两股道之外。

套管的管顶应埋设于铁路轨底以下不小于1.5米，并应取得铁路部门同意。套管内的水管应设有托架或滚轴，以便铺设或修理水管时，能在套管内作业或把水管拉出来修理。

水管穿越铁路的两侧应设立阀门，有时还设有放空抽排阀门。倘若该地域地下水位较高或套管有淹没的可能，水管在套管内应有防浮的措施。

用承插球铁管直接顶管时应选用顶管专用的承插球铁管，用预应力钢筒混凝土管直接顶管时应选用顶管专用的预应力钢筒混凝土管。

通常顶管用的动力设备为油压千斤顶（顶镐），但这种千斤顶的行程短，顶管效率慢。若改制成行程长的液压活塞缸体或用钢绳、绞车牵引法顶管，效率将大幅度提高。

以下介绍人工取土顶管法。人工取土顶管法是在工作坑内借助顶进设备——液压千斤顶的顶力，把管节按设计中线及高程要求顶入土中，在管内不断挖掘端面的土壤，并从管内用小车运出。这种顶管方法适用于管径大于800毫米的管道，否则人工操作困难。所用管材主要是无承插的钢筋混凝土管、钢管、顶管专用的承插球铁管或顶管专用的预应力钢筒混凝土管。

1.顶管施工的准备工作

（1）工作坑的布置。工作坑是顶管施工人员的操作场地，其位置一般选择在顶管地段的下游，被穿越地段的附近，并和地上被穿越物保持一定的安全距离。按照土质和地下水位情况，开挖工作坑前应采取适当的排水措施。工作坑内应有足够的工作面，其尺寸和深度取决于被顶管子的直径、每节管长、接口方式、顶进方式、顶进长度等。

其尺寸可按下式计算：

宽度 $$B=D_h+2b+bc \tag{5-1}$$

式中，D_h：被顶管的外径（m）；

b：管侧旁操作空间宽度，根据直径、操作工具及土质条件而定，一般为0.8~1.6m；

c：撑板厚度，一般采用0.2m。

长度 $$L=l_1+l_2+l_3+l_4+l_5+l_6 \tag{5-2}$$

式中，l_1：管节长度（m）；

l_2：千斤顶组装的总长度（m）；

l_3：后背墙厚度（m）；

l_4：稳管时前节已顶进管子留在导轨上的最小长度，顶钢筋混凝土管时l_4为 0.3～0.5m；顶金属管道时l_4为0.6～0.8m；

l_5：管尾出土所留工作长度，按出土工具而定，用小铁车出土为0.6m；采用推车出土为1.2m；若被顶管是钢管，其焊接坑长度与管径等长，若这一长度大于出土所留工作长度，l_5的尺寸按焊接坑长度而定；

l_6：利用工作坑掉头顶进时的附加长度（m）。

工作坑的底面高程，按设计管底高程及基础厚度而定。

工作坑的基础，在土质较好并无地下水时，常采用方木基础；如有地下水时则用混凝土基础。工作坑的基础用于固定导轨，导轨通常是铺于基础上的方木或钢轨，用地脚螺栓固定或在混凝土中预埋钢件，而后将钢轨焊接在上面。两导轨间的间距应保障以管中心至两钢轨的圆心角在70°～90°之间。

导轨的作用在于稳定管子，按设计的中心线和高程要求引导顶进。

（2）后背的设置。后背位于工作坑内，作为千斤顶顶进管子时的支撑。后背一般利用未经扰动的原状土，在其垂直表面用方木和顶铁排紧。若无原状土，可因地制宜，按具体条件采用浆砌块石、现浇混凝土或方木制作。人工后背必须具备足够的强度和刚度，一般顶管用原土后背，其厚度应大于7米，在此范围内要求土壤类别一致，以免顶力过大或地下水位变化时，后背产生不均匀变形，造成后背倾斜或坍塌。后背倾斜位移时可使顶铁外弹，极易造成工伤事故。

发现这类问题时应及早采取措施，比如减少后背承载压力，降低地下水位，加固后背。在后背倾斜不严重时，可在千斤顶与顶铁间加楔形钢板或硬木以调整顶进中线。

（3）顶力计算及机械设备安装要求。千斤顶的顶力主要用于克服管材在顶进过程中所产生的摩擦阻力。这种阻力主要有3项：管周围（水平及垂直方向）土压力所产生的阻力、管端部土挤压所产生的阻力和管自重所产生的阻力。其计算式为：

$$P_S = K(D_h L H_0 \gamma_0 f + wf + A P_{S0}) \qquad (5-3)$$

式中，P_s：顶管时，管壁所产生的最大摩擦阻力（t）。

K：安全系数，K=1.5～2.0；

D_h：管外径（m）；

L：顶管的总长度（m）；

H_0：管顶覆土深度（m）；

γ_0：土壤的密度（t/m³）；

f：土壤和管外壁的摩擦系数；

w：管道本身的全部自重（t）；

A：刃脚正面积（m²）；

P_{S0}：管前刃脚的阻力（t/m²），一般土壤可取$P_{S0}=50$。

表5-4列出了一些土壤在不同含水状况下的密度γ_0，千斤顶的顶力是按此计算的摩擦阻力P_s选定，但计算的值往往与实际顶力不一致。管道的歪斜、土质的变化、地下水位等都会影响顶力的变化。

表5-4　砂土类的密度γ_0和内摩擦角 Φ

名称		孔隙比	稍湿的		很湿的		饱和的	
			γ_0（t/m³）	Φ（°）	γ_0（t/m³）	Φ（°）	γ_0（t/m³）	Φ（°）
黏质砂土	松散的	1.13~0.43	1.45~1.6	24	1.65~1.75	21	1.8~1.9	16
	中密的		1.6~1.8	27	1.75~1.9	23	1.9~2.05	18
	密实的		1.8~2.0	30	1.9~2.05	25	2.05~2.15	20
粉砂	松散的	1.00~0.43	1.5~1.6	27	1.7~1.8	22	1.85~1.9	18
	中密的		1.6~1.8	30	1.8~1.9	25	1.9~2.0	20
	密实的		1.8~2.0	33	1.9~2.05	25	2.0~2.15	22
细砂	松散的	1.00~0.43	1.5~1.6	27	1.65~1.75	25	1.85~1.9	22
	中密的		1.6~1.75	30	1.75~1.9	27	1.9~2.0	25
	密实的		1.75~1.9	33	1.9~2.0	30	2.0~2.1	28
中砂	松散的	0.82~0.43	1.6~1.7	30	1.7~1.85	27	1.9~2.0	25
	中密的		1.7~1.8	33	1.85~1.95	30	2.0~2.05	28
	密实的		1.8~1.95	33	1.95~2.05	30	2.05~2.15	28

续表

名称		孔隙比	稍湿的		很湿的		饱和的	
			γ_0 (t/m³)	Φ (°)	γ_0 (t/m³)	Φ (°)	γ_0 (t/m³)	Φ (°)
粗砂与砾砂	松散的	0.61~0.33	1.85~1.9	33	1.95~2.05	30	2.05~2.1	30
	中密的		1.9~2.0	35	2.05~2.1	33	2.1~2.2	33
	密实的		2.0~2.1	37	2.1~2.15	35	2.2~2.25	35
砾石及卵石	中密的	0.43~0.32	2.0~2.05	40	2.05~2.1	40	2.15~2.2	40
	密实的		2.05~2.1	40	2.1~2.2	40	2.2~2.25	40

在顶管施工的实践中，采用钢筋混凝土管时，对千斤顶的顶力值可按以下公式估算。对黏土、砂黏土、天然含水量的砂质土壤，在挖土顶管时能形成土拱，这时的顶力P按下式估算：

$$P=(1.5 \sim 2.0)W \qquad (5-4)$$

含水量低的砂质土壤、砂砾、回填土等土质在顶管取土不能形成土拱，千斤顶的顶力P可按下式估算：

$$P=3W \qquad (5-5)$$

上二式中，P：总顶力（t）。

W：被顶管段的全部管重（t）。

千斤顶着力点在被顶管端面上的部位是离管底1/3管径处，故千斤顶下面需要搭台，千斤顶可1个或多个，但要按管中线对称布置。

在DN2000管道顶进时所用顶铁包括环形顶铁、方顶铁、横铁3种。

环形顶铁，安放在管端面处，它的内、外径尺寸要与管端面尺寸相适应，厚度300~500毫米。它的作用是使方顶铁传来的顶力较均匀地分布到被顶管端面上，以免管端面被顶坏。在中、小管径的顶管中，采用弧形顶铁（元宝顶铁）代之。

方顶铁是在顶管过程中调节间距的垫铁，因此方顶铁的长度要根据千斤顶的冲程、管节长度而确定。比如，在顶DN2000的管道时，方顶铁的长度有100毫米、200毫米、300毫米、400毫米、600毫米、1 000毫米、1 500毫米7种，截面积250毫米×300毫米，两顶端面用厚25毫米的钢板，其余用厚16毫米的钢板。方顶铁的两顶端面严格要求平整与平行，若达不到这一要求不可使用。因为顶端间不平行，在作业时容易发生顶铁外弹。

顶管横铁，是安在千斤顶与方顶铁之间，将多个千斤顶的顶推力传递到两侧的方顶铁上。横铁断面尺寸300毫米×300毫米，长度按被顶管直径及千斤顶数量等确定，比如管径500~700毫米时为1.2米；管径900~1 200毫米时为1.6米，管径2 000毫米时为2.5米。制作时，要求工作面平行和平整，特别是中间一条焊缝要避免凸出。

（4）其他设施。工作坑上设活动工作台，安装有卷扬机与配电柜。工作台一般用30号工字钢做梁，两端支撑于槽台上，梁上铺150毫米×150毫米的方木做活动平台，作为下管、出土及其他工具垂直运输之用。在工作台上还应搭工作棚，以防雨雪。

2.顶管施工和质量控制

顶管操作包括顶进、挖运土方、质量检验和管内处理等内容。

（1）顶进。顶进是把管节沿导轨推顶到已挖好的土洞内的作业；顶进操作要坚持"先挖后顶，随挖随顶"的施工原则。

千斤顶顶进一个冲程后，千斤顶复位，在横铁和环形顶铁间装进合适的顶铁，然后继续顶进。

顶铁安装应平直，顶进时严防偏心，以免使顶铁崩出伤人。顶进时注意油压力变化，发现不正常时立即停止顶进，并检查原因。千斤顶活塞伸展长度应在规定范围内，以免损坏千斤顶结构。在整个顶进操作中应坚持连续作业，若顶进间隔时间过长，土拱容易下降，使顶力增大。

顶进到一定程度时，下第二根管节应注意端口平直，接合良好，对钢筋混凝土管在内壁接口处安装一内胀圈以防止错口。

（2）挖土和运土。挖土操作的质量和速度是保证顶管施工质量与速度的重要条件，管内挖土工作的劳动条件差，劳动强度大，应组织专人轮流操作。在挖土时，管上半周应较管外壁多挖15~20毫米。管下半部90°范围内不能超挖，应保持原土和管底齐平，这样在顶进时可减少或避免管子发生下斜现象。管前端挖土长度为100~150毫米，土质良好时可挖多些，挖出的土必须立即运出，运土可用特制的小车或手推车。

（3）顶管的质量要求。

①高程允许偏差+10毫米或-20毫米。

②中心线允许偏差30毫米。

③管子错口不得超过10毫米。

④对顶接头的管子错口不得超过30毫米。

（4）顶管质量的检测与校正。管节在顶进时，必须对顶进管段中线的方位及高程严格控制，以保证顶管的质量。顶管时的中线容易产生方位和高程上的偏差，其原因有以下几个方面。

①两侧千斤顶的顶力不对称，或后背发生倾斜，造成中线左右偏离。

②顶力作用点和管中线不一致，造成中线左右偏差。在前方挖土时，管底超挖而形成高程起伏的不均现象。

③顶管的端面或后背上下部位的土壤承载力相差较大。

④导轨安装有较大误差。

⑤顶铁制造质量差，受力后变形。

顶管高程的控制，可在顶坑中悬空固定水准仪，在顶管首端设立十字架。每次测量时，若十字架在管首端的相对位置不变，水准仪的高程亦固定不变，只要量出十字架交点偏离的垂直距离，就可读出顶管的高程偏差。若水准仪从外引进绝对高程，那么顶进管段的各点高程也可推测出来。顶管时的方位偏差，可在坑上面引出中线，在中线方位的2点向坑内吊设2根垂球线，若管首端通过中心点的垂球线和上面2根垂球线在一条直线上，则顶管方位是准确的，否则存在偏差。

在顶管过程中校正偏差是保证顶管质量的有力措施，偏差是逐渐积累起来的，只有逐渐校正过来，偏差过大校正就很困难，因而在顶管过程中应勤校测，发现偏差及时校正。

（5）校正的方法具体做法如下。

①挖土校正法：在管子偏向设计中心的一侧适当超挖，而在相对的一侧不超挖或留坎，使管子在继续顶进中，逐渐回到设计位置。校正中不得猛纠硬调，以防产生相反结果。当偏差为10~20毫米时，可采用此法校正。

②顶木校正法：当偏差大于20毫米或者用挖土法校正无效时，可用圆木或方

木一端顶在管子偏离设计中心的一侧管壁上，另一端装在垫有钢板或木板的管前土壤上，支架稳固后开动千斤顶，利用顶进时顶木对管子所产生的分力，使管子得到校正。

③千斤顶校正法：这种校正法基本上同顶木校正法，即用小千斤顶接一短顶木，利用小千斤顶的顶力使管位得到校正。

④加垫块校正法：在顶管末端与顶铁间的适当位置垫上1块相应厚度的楔形钢板，使顶铁和管间形成一个角度，顶进时可使被顶管得到纠正。

⑤管内处理：顶进工作完毕后，将管内胀圈全部松脱运出，管内清扫干净，其管接口处按要求进行处理。

3.直接顶装钢管的措施

上述这种人工取土的顶管方法，普遍用于下水管道的顶管施工。在供水管道顶管施工中亦可用上述方法顶钢筋混凝土管做套管，内装供水管道。若用上述方法直接顶装钢制供水管道（无套管），则管节之间焊接，不必设立内胀圈。这种钢管事先按设计要求做好防腐处理，同时对外防腐处理层也应有保护措施，一般可用2层钢丝网水泥保护层，并在适当距离焊制保护钢丝网水泥砂浆的肋板。在工作坑内的导轨端头的适当部位（预留接口坑）断开150毫米，以便钢制管节间的焊接。在管节焊接后，应补做接口处的防腐处理层及钢丝网水泥砂浆保护层，抹钢丝网水泥砂浆时，宜加速凝剂。

4.加长顶进管段长度的措施

顶进管段长度，在仅仅考虑穿越构筑物或河道等时，主要按穿越物的长度而定。在长距离顶管时，顶进管段长度应尽量放长，以减少开挖工作坑的数量。其长度主要根据顶管需要的顶力以及后背、管口可能承受的顶力，并结合地面开挖工作坑的条件及管道节点间距等合理确定。在需要加长顶进管段长度时，可采取以下措施。

（1）加固后背，加强管口环形顶铁，以增加其承受顶力的能力。

（2）使用润滑剂（如触变泥浆等），以减小管壁与土壤的摩擦。

采用触变泥浆可减少顶管顶力达2/3左右，同时在松散的土层中顶进，用它可对管周围土质起到加固作用，防止土拱的坍塌。

触变泥浆是一种由特殊黏土（高岭土，又称膨润土）掺和2%~3%的碳酸钠而成。为了增加上述触变泥浆凝固后的强度，又掺入凝固剂（石膏）。但使用凝固剂时，还必须同时掺入少量缓凝剂（工业六糖）和塑化剂（松香酸钠）。

应用触变泥浆顶管时，在管前方外缝隙处加前封闭圈，在工作坑管外壁缝隙处加后封闭圈。泥浆调剂后通过压缩空气，经压浆罐、输浆管、分浆罐及喷浆管等送至管外壁四周，形成一个泥浆环。

（3）采用中继间。所谓中继间技术措施，就是使用1米长的特制管（特制管的材质类同被顶管的材质），它的断面和结构同顶管用的管材完全相同，这段管子就被称为中继间。在中继间和被顶管之间的上部180°范围内安装钢檐板，内放千斤顶和顶铁。它的使用方法是在一般顶管方法的基础上，顶进一定长度后，即可安放中继间，继续向前顶进。当工作坑千斤顶难以顶进时，即开动中继间内的千斤顶，此时以后边管节为后背，向前顶进一个冲程，然后开动工作坑内的千斤顶，使中继间后面的管子也向前推进一个冲程。此时，中继间随之向前推进，再开动中继间内的千斤顶，如此循环操作，可增加顶进长度，但它的顶进速度比不设中继间约慢一半，而且管内进出也不方便。

5.挤压闷顶技术

挤压闷顶技术是在人工取土顶管法的基础上，根据土壤在外力作用下能产生塑性变形的原理，将装有挤压器的工作管闷顶入土。

工作管端部是由偏心大小头形成的喇叭口，其使管前土壤被压进管内，然后割断土体，用专用小轮车通过卷扬机将土整块从管内运出。工作管上装有4个可调向的油压千斤顶，用来调整顶管方向上的偏差。实践证明，这种挤压取土顶管法相比上述人工取土顶管法的优点是，省去了人工挖土的笨重体力劳动，加速了施工进度，有利于提高工程质量，不会出现超挖问题；管外壁四周土壤密实，方向控制稳定，有利于安全生产，避免了塌方事故；相比下述的机械取土、水力冲刷顶管法，具有结构简单、操作方便的特点，很适宜在黏土、亚黏土中顶管。

（二）机械取土顶管

机械取土顶管主要是在被顶进的管道前端安装上机械钻进的挖土设备，配上皮带等运土机械，以代替人工挖、运土。当管前土方被切削形成一定的土洞孔隙时，利用顶力设施，将连接在钻机后部的管子——顶入土中。在顶进工作以前，同样要在工作坑内按设计高程及中线方向安装导轨，使每节管子沿着设计要求前进。

目前，机械钻进的顶管设备有2种安装形式：一种是将机械固定于特制的钢管内，将此管视为工具管，安装在顶进的钢筋混凝土管的前面，称为套筒式；另一种是不采用套管，而将机械直接固定在顶进的首节管内，顶进时安装，竣工后则分件拆卸，称为装配式。

套筒式机械钻进设备的结构，主要分工作室、传动室、校正室3部分。工作室装有切削刀、主轴支座、带土盘、十字头等。传动室安装电动机、变速箱、皮带运输机等。校正室安装有小千斤顶、斜偏装置和拉杆等。

采用皮带运输机和斗车出土的套筒式机械钻进顶管装置，在国内用于管径1 200~2 000毫米钢筋混凝土管道的顶管。

这种顶管法的最大优点是降低了劳动强度，加快了施工进度，对黏土、砂性土及腐殖质淤泥土等土层，在不降低地下水位的情况下，均可顺利进行顶管。但实际使用中存在一些问题，如运土与掘进速度不易协调、出土较慢，特别是顶程长了以后，皮带运输问题很多，和机头掘进很不适应。遇到地下障碍物时不能顶进，若拆卸机头，这种套筒式钻进设备又无法进行。

（三）水力冲刷顶管

水力冲刷顶管设备主要包括：工作头部（由工具管、封板、中间喷射管、环向管、真空室、测杆及有关管路闸阀组成）、高压水泵（水压在0.4~0.5MPa以上）、高压进水管、排泥管、泥浆沉淀池。

水力冲刷顶管的工作原理是以环向管喷射出的高压水将顶入管内的土壤冲散，而中间喷射管则将工具管前下方的粉碎土壤冲成泥浆。水力冲刷顶管时射水水枪口距管子前端的距离，按水压、土质、管径而定，一般取1~2米，并且工作坑内应设排水井，将流出的泥水集中后，用泥浆泵抽排。流向真空室回水管的高速水流，使真空室内形成压差，将泥浆由管内吸出，混同高压水由排泥管排出地面。同时，在顶力设备的作用下，管子继续顶向前进。这种边顶进、边水冲、边排泥的方式使顶管速度较快。

土壤冲散和粉碎之所以要求在管内进行，主要是为了防止高压水流冲出管外，扰动管外土层，从而造成坍塌、河床穿孔以及河流倒灌等危险。顶入管内土壤必须保持一定的长度（又称土塞），并用测杆随时进行测量，掌握顶进情况。

这种顶管法的优点是冲土、排泥连续进行，速度快，大大降低了劳动强度；设备制作简单，成本低。缺点是泥浆处理占地面积大，特别是在大城市顶管受到限制，顶进时不易观测，方向难控制，往往影响施工质量。

（四）不取土的穿刺顶管

上述3种顶管方法，都是在顶管的同时把管体内的土方运出。管内土方的挖运是个复杂、繁重的工序，在顶小直径管道时尤为困难。下面介绍的是一种不必取、运土的顶管方法。

在被顶管的前端装置一锥形头，锥形头底部直径必须比管子外径大20~30毫米。此外，还有另一种形式的锥形头，即偏心地套在被顶管上，以便使锥形头偏于下面。

当压入管道时，锥形头将土壤向旁边挤开，在土壤中形成一个比被顶管略大的洞孔，在顶压时土孔拱撑不坍，从而使顶压时的主要阻力仍由锥形头压入土壤而发生，管道本身随着锥形头前进，并不引起额外阻力。这种不取土的挤压顶管法也是在工作坑内进行的，它适用于非岩石性的土壤，尤以黏土及含水性黏土特别适宜，但不适用于流砂性土壤。

在有黏性的土壤里，无须将安装的管子跟随锥形头一起顶压，而可以用临时管先行挤压穿孔后再行安装。这就有可能在用锥形头挤压的孔洞里铺设非金属管及承插式球铁管。

这种顶管法可借助于1~2个油压千斤顶或螺旋千斤顶进行。在工作坑内仍然需用后背及导轨，可顶管径25~400毫米的管道。当顶压大直径的管道时，由于阻力巨大及管道埋深过浅，会引起地表面变形隆裂。它的最大缺点是顶管方向容易产生较大误差。

钢管也可不加锥形头而直接顶进，这种顶管方法又称为土塞顶管。当开始顶进时，土方被挤入管内，进入管内的密集土柱和管内壁产生摩擦力，当土柱长度约为管径的4~6倍时，这部分摩擦力足以在管前端形成一个塞头，阻止外面土壤继续进入管内，而使管外围土壤减小孔隙率，以增加密集度的方式形成一个压实了的圆锥形土体。这种土塞顶管的优点是管道不易偏斜，施工作业简单易行，挤入管内的土塞在顶管完毕后亦可掏除。但土塞顶管的速度慢，阻力大。

另一种小管径液压顶管设备，是一种液压穿刺顶管法，由液压油缸、油泵、转换接头、齿轮箱、汽油机5个主要部件组成。用高压油推顶2个油缸的活塞，2个活塞间用拉板连接，拉板上用1个锥形单方向卡瓦把被顶的管道卡住，活塞向前推动即带领管道向前推进。这个装置可不开槽连续顶装管径25毫米钢管40米，管径40毫米钢管30米，管径50毫米钢管20米，亦可用来顶进较大直径的钢管。

（五）钻孔机水平开孔牵引顶管

首先以水平钻孔机，按规划方位及覆土深度要求，边钻孔边取掉弃土，孔径应大于管外径100～200毫米，孔壁以适当方式固化定型，然后以牵引、顶推方式组装钢管、聚乙烯管。由于孔径大于管外径，因此若不采取措施充填间隙，孔洞的塌陷对上层管线及路面是有影响的。

由于在较深的位置顶管施工，若有不当日后的管道维修会有困难，因而施工的质量是相当重要的。

此类顶管方法适用于城市郊外无其他管线干扰的环境，在建成区规划道路下使用，往往从污水管道、桥涵基础下穿越，容易导致次生灾害。

二、在原管位置上更新改造

（一）液力牵引法

液力牵引法有一套基本设备，在管线的直线段的两端挖2个工作坑，由一些杆组成的牵引杆以联轴器相连接，并穿入旧管内，将需铺的新管置于入口工作坑的导轨上，用连接器将内外径不同的新、旧管道连接起来，将牵引杆穿入新管内，并在自由端用锚定板固定；在目标工作坑内安设一带中心孔的支撑板（钢板），固定在坑壁内，支撑板上的中心孔用来牵引管子，牵引设备依靠作用于支撑板上的反力，通过锚定板上的牵引杆将新管连同旧管从始端入口坑拉向目标坑，拉出的旧管节在目标坑内被破碎或切割，又从入口坑放入新管重复以上作业。完成一轮作业的牵引长度即为一根新管的长度，1990年7月在柏林市用此法所拉的最长管段为110米，更换了3.5千米供水管线。

这种方法适用于管径80～200毫米配水管线的更换，它有以下优点。

（1）换管时没有振动，对树根及其他管线有保护作用。

（2）无须开挖，不破坏路面，不易造成事后路面塌陷。

（3）施工过程中没有噪声干扰。

（4）原有旧管从目标坑中被全部清除掉。

（5）容许适当增大或缩小新铺管道的直径。

这一方法最适宜用于黏性土壤或松散土壤中，施工作业场面较小。但对地下管线现状应彻底了解清楚，仅在连接用户支管的交接点、消火栓连接点、阀门等不可避免处挖工作坑，以便重新连接，因此整条管线平均开挖长度仅为管线长度的20%。

（二）穿插法

对于连续管道施工工艺，应采用牵拉工艺进行穿插法施工；对于不连续管道施工工艺应采用顶推工艺施工；由于大直径聚乙烯管重量较大，施工中所受的摩擦阻力也较大，因此为了避免施工对管道结构的损伤，可以用牵拉和顶推组合的工艺进行施工，同时涂抹润滑脂（油）。

1.穿插法所用PE管材，亦适用于下述的碎（裂）管法、折叠内衬法和缩径内衬法所用的内衬PE管材。均应符合下列规定。

（1）管材的原材料应选用PE80级或PE100级的管道混配料。

（2）管材规格尺寸应按设计的要求确定。

（3）内衬PE管材为标准管时，其物理力学性能应符合现行国家标准《给水用聚乙烯（PE）管材》（GB/T 13663—2000）的有关规定；由于非开挖修复更新工程所用PE管常常不是标准尺寸管，故需要单独进行设计，其规格尺寸应按照内衬设计的要求确定。内衬PE管材为非标准管时，其物理力学性能应符合现行行业标准《采用聚乙烯内衬修复管道施工技术规范》（SY/T 4110—2007）的有关规定。

（4）内衬PE管材的耐开裂性能应符合现行行业标准《埋地塑料给水管道工程技术规程》（CJJ 101—2016）的有关规定。

2.在内衬管穿插前应采取下列保护措施

（1）应采用1个与待插管直径相同、材质相同、断面形态相同、长度不小于3米的管段进行试穿插，试穿后管段表面损伤情况和划痕深度不应大于内衬管壁厚的10%。

（2）在牵拉聚乙烯管进入原有管道时，端口处的毛边容易对聚乙烯管造成划伤，可安装一个导滑口，既避免划伤又减小阻力。

（3）内衬管的牵拉端和顶推端是容易损坏的地方，应采取保护措施。

（4）连续穿插施工中在地面安装滚轮架、工作坑中安装防磨垫可减少内衬管与地面的摩擦。

3.连续管道穿插作业应符合下列规定

（1）管道不得被坡道、操作坑壁、管道端口划伤。

（2）管道的拉伸率不得大于1.5%，管道牵拉速度不宜大于0.3m/s，在管道弯曲段或变形较大的管道中施工应减慢速度。

（3）牵拉过程中牵拉力不应大于内衬管截面允许拉力的50%，允许拉力应按下式计算：

$$F = \sigma \frac{\pi(D_0^2 - D_1^2)}{6N_1} \tag{5-6}$$

式中，F：允许拖拉力（N）；

σ：管材的屈服拉伸强度（MPa或N/mm^2），PE80宜取20，PE100宜取22；

D_0：内衬管外径（mm）；

D_1：内衬管内径（mm）；

N_1：安全系数，宜取3.0。

（4）牵拉操作不宜中途停止。

（5）内衬管伸出原有管道端口的距离应满足内衬管应力恢复和热胀冷缩的要求。

（6）内衬管宜经过24小时的应力恢复后进行后续操作。

4.不连续管道穿插作业应符合下列规定

（1）当采用机械承插式接头连接短管时，可带水作业，原有管道内的水流减小了管道推入的阻力，同时可以减少或避免临时排水设施的使用。为了能有效地减小管道推入的摩擦力，原有管道中的水位宜控制在管道起拱线之下。管道起拱线是指管道开始向上形成拱弧的位置。

此法系将直径较小的钢管或球墨铸铁管插入旧管内。此种专用于插入法的球墨铸铁管承插口形式是改进型的，便于在旧管内对接。

（2）当采用热熔连接PE管时，不连续的PE管道可在工作坑内进行连接，然后插入原有管道。PE管的连接需在工作坑内进行，应在施工现场预备水泵和临时排水设施排出工作坑内水流，保证管道连接设备的干燥和工作环境的干燥。

（3）短管的长度宜能够进入工作坑。

（4）短管进入工作坑时不应造成损伤。

为了保持穿插的内衬管在原管道中的稳定性，对于直径800毫米以上管道，环状空隙较大，应进行注浆处理。800毫米以下的管道，考虑到环状空隙较小，不易注浆，应根据实际需要进行处理，确保管道稳定。

5.管道环状间隙注浆时应符合下列规定

（1）内衬管不足以承受注浆压力时，应在内衬管内部进行支撑，也可向内衬管道里面注入具有一定压力（略高于注浆压力）的水进行保护。

（2）对于带有支管的管道，注浆前应打通内衬管的支管连接并采取保护措施，注浆时浆液不得进入支管。

（3）注浆孔或通气孔应设置在两端密封处或支管处，也可在内衬管上开孔。

（4）注浆材料应满足以下要求。

①较强的流动性，以填满整个环面间隙。

②较小的收缩性（低于1%），以防止固化以后在环面上形成空洞。

③水合作用时发热量低，水泥浆混合物内不同成分剥落的危险性最小。

④固化后应具有一定的强度。

为了满足以上要求，建议水泥浆的混合比例是1：3。该配比水泥浆密度约为水的1.5倍，最小的强度为5MPa。

（5）注浆材料理论上应注满整个环状空隙。注浆有2种方法：一种是连续注浆，施工过程中应合理控制注浆压力，防止注浆压力过大超过内衬管的承受能力，注浆压力合理值应咨询生产商；另一种是分段注浆，第一次注浆后内衬管不应在浮力作用下脱离内衬管底部，第二次注浆应不引起内衬管的变形。分段注浆能够通过观察泥浆搅拌器旁边的压力表来监控环面是否完全被水泥浆灌满，推荐采用分段注浆工艺。

（6）注浆完成后应密封内衬管上的注浆孔，且应对管道端口进行处理。

管道穿插作业完成后，应在管道进出工作坑处采用具有弹性和防水性能的材料对原有管道和内衬管之间的环状间隙进行密封处理，并应对管道施工接口进行相应的密封、连接、防腐处理；对于不能及时连接的管道端口，应采取保护管道端口的措施。

穿插法施工除应做好工作坑开挖、管道断管与改造、管道预处理、端口处理与连接、管道压力试验、管道冲洗消毒和工作坑回填等基础施工记录，还应做好内衬管焊接、内衬管穿插和环状间隙注浆等施工工艺记录。

（三）翻转式原位固化法

1.翻转式原位固化法所用材料应符合下列规定

（1）内衬材料可由纤维布或纤维毡等骨架材料组成的软管和树脂等黏合材料构成。

（2）软管应符合下列规定

①软管可由单层或多层聚酯纤维毡或同等性能的材料组成，并应与所用树脂亲和，且能承受施工的拉力、压力和固化温度。

②软管的涉水面应包覆一层非渗透性塑料膜。

③多层软管各层的接缝应错开，接缝连接应牢固。

④软管的横向与纵向抗拉强度不得低于5MPa。

⑤软管的长度应大于待修复管段的长度，固化后应能与原有管道的内壁紧贴在一起。

（3）黏合材料应符合下列规定

①树脂、固化剂、稀释剂和填料等黏合材料与骨架材料应浸润良好。

②树脂可采用热固性的聚酯树脂、环氧树脂或乙烯基树脂。

③树脂应能在热水、热蒸汽作用下固化，且初始固化温度应低于80℃。

④黏合材料中，树脂、固化剂和其他助剂组成配比应根据施工现场配比试验确定，配比后的树脂进入管道开始固化前不应出现凝结硬化。

（4）不含玻璃纤维内衬管的初始结构性能要求应符合表5–5的规定，含玻璃纤维内衬管的初始结构性能要求应符合表5–6的规定。内衬管的长期力学性能应根据实际要求进行测试，不应小于初始结构性能要求的50%。

表5-5　　不含玻璃纤维内衬管的初始结构性能要求

性能		测试依据标准
弯曲强度（MPa）	＞31	《塑料弯曲性能的测定》（GB/T 9341—2008）
弯曲模量（MPa）	＞1724	《塑料弯曲性能的测定》（GB/T 9341—2008）
抗拉强度（MPa）	＞21	《塑料拉伸性能的测定第2部分：模塑和挤塑塑料的试验条件》（GB/T 1040.2—2006）

表5-6　　含玻璃纤维内衬管的初始结构性能要求

性能		测试依据标准
弯曲强度（MPa）	＞45	《纤维增强塑料弯曲性能试验方法》（GB/T 1449—2005）
弯曲模量（MPa）	＞6500	《纤维增强塑料弯曲性能试验方法》（GB/T 1449—2005）
抗拉强度（MPa）	＞62	《塑料拉伸性能的测定第4部分：各向同性和正交各向异性纤维增强复合材料的试验条件》（GB/T 1040.4—2006）

2.浸渍树脂的软管的准备工作应符合下列规定

（1）软管制作的要点

①使用纤维布（毡）缝制软管时，应按设计尺寸剪裁下料。

②多层软管各层的接缝应错开100毫米以上，接缝应严密，连接应牢固。

③软管的长度应大于原有管道的长度，软管直径的大小在固化后应能与原有管道的内壁紧贴在一起。

（2）树脂配制的要点

①树脂配制应在现场进行配比试验，确定各种组分的添加比例，各批次树脂应分别做配比试验。

②应在原有管道预处理验收完毕、现场已具备拉入内衬管的条件后开始树脂配制，树脂不应在软管衬入管道过程中提前凝结固化。

（3）软管的树脂浸渍及运输应符合下列规定

①翻转式原位固化法所用树脂一般为热固性的聚酯树脂、环氧树脂或乙烯基树脂。由于树脂的聚合、热胀冷缩以及在翻转过程中会被挤向原有管道的接头和裂缝等位置，在浸渍软管之前应计算树脂的用量，树脂的各种成分应进行充分混合，因此树脂的用量应比理论用量多5%～15%。

②为防止树脂提前固化，树脂和添加剂混合后应及时进行浸渍，停留时间不

得超过20分钟，当不能及时浸渍时，应将树脂冷藏，冷藏温度应低于15℃，冷藏时间不得超过3小时。

③树脂应注入抽成真空状态的软管中进行浸渍，并用一些相隔一定间距的滚轴碾压。通过调节滚轴的间距来确保树脂均匀分布并使软管全部浸渍树脂，避免软管出现干斑或气泡。

④浸渍过树脂的软管应存储在低于20℃的环境中，运输过程中应记录软管曝露的温度和时间。

3.浸渍树脂的软管翻转衬入原有管道时应符合下列规定

（1）可采用水压或气压的方法将浸渍树脂的软管翻转置入原有管道。

（2）翻转时应将软管的外层防渗塑料薄膜向内翻转成内衬管的内膜。

（3）翻转过程中软管与原有管道管壁紧贴在一起。翻转压力不得超过软管的最大允许张力，其合理值应咨询管材生产商。翻转压力应控制在使软管充分扩展所需的最小压力和软管所能承受的最大内部压力之间，同时应能使软管翻转到管道的另一端。

（4）翻转过程中宜用润滑剂减小翻转阻力，润滑剂应是无毒的油基产品，不会滋生细菌，不影响液体的流动，且不对软管和相关施工设备等产生影响；翻转速度宜控制在2~3m/min，翻转压力应控制在0.1MPa以下。

（5）翻转完成后，浸渍树脂软管伸出原有管道两端的长度宜大于1米，以方便后续的固化操作，特殊情况下内衬管的预留长度可以适当减小。当用压缩空气进行翻转时，应防止高压空气对施工人员造成伤害。

4.翻转完成后浸渍树脂的软管的固化应符合下列规定

（1）可采用热水或热蒸汽对软管进行固化。

（2）热水供应装置和蒸汽发生装置应装有温度测量仪，固化过程中应对温度进行测量和监控。

（3）在修复段起点和终点，距离端口大于300毫米处，应在浸渍树脂软管与原有管道之间安装监测管壁温度变化的温度感应器。

（4）热水宜从高程较低的端口通入，以排除管道里面的空气。蒸汽宜从高程较高的端口通入，以便在标高低的端口处处理冷凝水。

（5）树脂固化分为初始固化和后续硬化2个阶段。当软管内水或蒸汽的温度升高时，树脂开始固化；当曝露在外面的内衬管变得坚硬，且起、终点的温度感应器显示温度在同一量级时，初始固化终止。之后均匀升高内衬管内水或蒸汽的温度直到后续硬化温度，并保持该温度一定时间。其固化温度和时间应咨询软管生产商。树脂固化时间取决于：工作段的长度、管道直径、地下情况、使用的蒸汽锅炉功率以及空气压缩机的气量等。并应根据修复管段的材质、周围土体的热传导性、环境温度、地下水位等情况进行适当调整。

（6）固化过程中软管内的水压或气压应能使软管与原有管道保持紧密接触，并保持该压力值直到固化结束。

（7）通过温度感应器监测的树脂放热曲线判定树脂固化的状况。

5.固化完成后内衬管的冷却应符合下列规定

（1）应先将内衬管的温度缓慢降低，热水固化宜冷却至38℃，蒸汽固化宜冷却至45℃。

（2）可采用常温水替换软管内的热水或蒸汽进行冷却，替换过程中应避免内衬管内形成真空造成内衬管失稳。

（3）应待冷却稳定后进行后续施工。

内衬作业完全结束后，应在内衬管与原有管道之间充填树脂混合物进行密封，且树脂混合物应与软管浸渍的树脂材料相同，并应对管道施工接口进行相应的密封、连接、防腐处理；对于不能及时连接的管道端口，应采取保护管道端口的措施。

翻转式原位固化法施工除应做好工作坑开挖、管道断管与改造、管道预处理、端口处理与连接、管道压力试验、管道冲洗消毒和工作坑回填等基础施工记录，还应做好树脂配制与浸渍、翻转内衬与固化等施工工艺记录。

（四）碎（裂）管法（胀破法）

碎（裂）管法分静拉碎（裂）管法和气动碎管法。

1.采用静拉碎（裂）管法进行管道更新施工时，应掌握以下要点

（1）根据管道直径及材质选择不同的碎（裂）管设备。

（2）用于延性破坏的管道或钢筋加强的混凝土管道的碎（裂）管工具，由1个裂管刀具和胀管头组成。该类管道具有较高的抗拉强度或中等伸长率，很难破碎成碎片，得不到新管道所需的空间。当碎（裂）管设备包含裂管刀具时，应从原有管道底部切开，切刀的位置应处于与竖直方向成30°夹角的范围内。因

此，需用裂管刀具沿轴向切开原有管道，然后用胀管头撑开原有管道形成新管道进入的空间。原有管道切开后一般向上张开，包裹在新管道外对新管道起到保护作用。

气动碎管法中，碎管工具是一个锥形胀管头，并由压缩空气驱动在180～580次/分钟的频率下工作。气动锤对碎管工具的每一次敲击都将对管道产生一些小的破碎，因此持续的冲击将破碎整个原有管道。气动碎管法一般可用于脆性管道，如混凝土管道和铸铁管道。

2.采用气动碎管法进行管道更新施工时，应掌握以下要点

（1）气动碎管法施工过程中气动锤的敲击，对周围地面造成振动，为了防止对周围管道或建筑造成影响，采用气动碎管法时，碎裂管设备与周围其他管道距离不应小于0.8米，且不小于待修复管道直径的1.5倍，与周围其他建筑设施的距离不应小于2.5米，否则应对周围管道和建筑设施采取保护措施。当不满足规定的安全距离时，应采取相应的措施，如开挖待修复管道与周围管道之间的土层，卸除对周围管道的应力。

（2）气动碎管设备应与钢丝绳或拉杆连接，碎（裂）管过程中，应通过钢丝绳或拉杆给气动碎管设备施加一个恒定的牵拉力。

（3）在碎管设备到达出管工作坑之前，施工不宜终止。

3.新管道在拉入过程中应掌握以下要点

（1）管道拉入过程中润滑的目的是降低新管道与土层之间的摩擦力。应参考地层条件和原有管道周围的环境，来确定润滑泥浆的混合成分、掺加比例以及混合步骤。一般地，膨润土润滑剂用于粗粒土层（砂层和砾石层），膨润土和聚合物的混合润滑剂可用于细粒土层和黏土层。

（2）新管道应连接在碎（裂）管设备后随碎（裂）管设备一起拉入。

（3）新管道在拉入过程中宜采用润滑剂降低新管道与土层之间的摩擦力。

（4）在拉入过程中应时刻监测拉力的变化情况，为了保障施工过程中的安全，当拉力陡增时，应立即停止施工，查明原因后方可继续施工。

（5）新管道拉入后的冷却收缩和应力恢复的时间不应小于4小时。

在进管工作坑及出管工作坑中应对新管道与土体之间的环状间隙进行密封处理以形成光滑、防水的接头，密封长度不应小于200毫米，并应对管道施工接口进行相应的密封、连接、防腐处理；对于不能及时连接的管道端口，应采取保护

管道端口的措施。

碎（裂）管法施工除应做好工作坑开挖、管道断管与改造、管道预处理、端口处理与连接、管道压力试验、管道冲洗消毒和工作坑回填等基础施工记录外，还应做好聚乙烯管焊接和碎（裂）管穿插等施工工艺记录。

（五）折叠内衬法

折叠内衬法施工时气温不宜低于5℃。

1.折叠管的压制应掌握以下要点

（1）折叠管压制是指通过调整压制机的上下和左右压辊来调整折叠管的缩径量，缩径量应控制在30%～35%。

（2）在压制过程中U形PE管下方两侧不得出现死角或褶皱现象，否则应切除此段，并在调整左右限位滚轴后重新工作。

（3）管道折叠后，应立即用缠绕带进行捆扎，管道牵拉端应连续缠绕，其他位置可间断缠绕。

（4）捆扎带缠绕的速度过快，会造成捆扎带不必要的浪费；如果缠绕速度过慢，会造成缠绕力不够，可能导致折叠管在回拉过程中意外爆开。现场折叠管的折叠速度与折叠管的直径有关，折叠管的缠绕和折叠速度应保持同步，宜控制在5～8m/min。

（5）为防止捆扎带与原有管道内壁发生摩擦产生断裂，一般在机械缠绕后，操作人员每隔50～100厘米人工补缠捆扎带数匝。

2.为防止折叠管在拉入过程中受到损伤，折叠管的拉入应掌握以下要点

（1）施工中可以在原有管道端口安装带有限位滚轴的防撞支架和导向支架，避免内衬管与原有管道端口发生摩擦。管道不得被坡道、操作坑壁、管道端口划伤。

（2）应观察管道入口处PE管情况，防止管道发生过度弯曲或起皱。

（3）拉入过程应符合穿插法相关的规定。

3.现场折叠管的复原过程应掌握以下要点

（1）可采用注水或鼓入压缩空气加压使折叠管复原。

（2）复原时应严格控制加压速度，折叠管应能够完全复原且不得损坏。

（3）折叠管复原并达到压力稳定后，应保持压力不少于8小时。

（4）复原作业后应采用电视检测检查折叠管复原情况，若复原不彻底应采取措施。

4.工厂预制PE折叠管复原及冷却过程应掌握以下要点

（1）应在管道起止端安装温度测量仪监测折叠管外的温度变化，温度测量仪应安装在内衬管与原有管道之间。

（2）折叠管中通入蒸汽的温度宜控制在112℃～126℃之间，然后加压最大至100kPa；当管外周温度达到85℃±5℃后，应增加蒸汽压力，最大至180kPa。

（3）维持蒸汽压力直到折叠管全膨胀。

（4）折叠管复原后，应先将管内温度冷却到38℃以下，然后再慢慢加压至228kPa，同时用空气或水替换蒸汽继续冷却直到内衬管内温度降到周围环境温度。

（5）折叠管冷却后，应至少保留100毫米的内衬管伸出原有管道，用于内衬管内温度降到周围温度后的收缩。

（6）复原作业后应采用电视检测检查折叠管复原情况，若复原不彻底应采取措施。折叠管复原作业结束后，应对管道施工接口进行相应的密封、连接、防腐处理；对于不能及时连接的管道端口，应采取保护管道端口的措施。

折叠内衬法施工除应做好工作坑开挖、管道断管与改造、管道预处理、端口处理与连接、管道压力试验、管道冲洗消毒和工作坑回填等基础施工记录外，还应做好聚乙烯管焊接、聚乙烯管折叠变形、聚乙烯管穿插和聚乙烯管复原等施工工艺记录。

（六）缩径内衬法

缩径内衬法施工时气温不宜低于5℃。

1.径向均匀缩径内衬法施工应符合下列规定

（1）PE管径向均匀缩径是通过专门设计的滚轮缩径机完成的。为确保缩径后的内衬管能恢复原形，根据实际经验，缩径量不应大于15%。

（2）缩径过程中应观察并记录牵拉设备牵拉力、聚乙烯管缩径后周长，观察牵拉设备和缩径设备稳固情况，缩径过程不得对管道造成损伤。

（3）大气温度低于5℃以及牵拉力对聚乙烯管壁拉应力接近聚乙烯管材料屈服强度的40%时，应采取加热措施。

（4）管道缩径与拉入应同步进行，且不得中断。

（5）拉入过程应符合穿插法相关的规定。

2.缩径内衬管就位后，依靠塑料分子链对原始结构的记忆功能，在管道的轴向拉力卸除之后，内衬管可逐渐自然恢复到原来管道的形状和尺寸。可采用下列方法使内衬管与原有管道内壁形成紧配合。

（1）采用自然恢复时，时间不应少于24小时。

（2）采用加热加压方式，可促使其快速复原，减少复原的时间，但不应少于8小时。

（3）复原作业后应采用电视检测检查缩径管复原情况，若复原不彻底应针对具体情况采取措施。

缩径管复原作业结束后，应对管道施工接口进行相应的密封、连接、防腐处理；对于不能及时连接的管道端口，应采取保护管道端口的措施。

缩径内衬施工除应做好工作坑开挖、管道断管与改造、管道预处理、端口处理与连接、管道压力试验、管道冲洗消毒和工作坑回填等基础施工记录外，还应做好聚乙烯管焊接、聚乙烯管缩径和聚乙烯管复原等施工工艺记录。

（七）不锈钢内衬法

不锈钢内衬指以不锈钢材料作为内衬管进行管道更新改造的方法。不锈钢内衬更新改造工艺适用于操作人员可进入管道内部的大直径管道，管道直径宜大于（等于）800毫米。

1.不锈钢内衬法所用材料的性能应符合下列规定

1.内衬不锈钢管材应符合现行国家标准《流体输送用不锈钢焊接钢管》（GB/T 12771—2008）的有关规定；不锈钢板材应符合现行国家标准《不锈钢冷轧钢板和钢带》（GB/T 3280—2007）的有关规定；焊材的性能应符合现行国家标准《不锈钢焊条》（GB/T 983—2002）的有关规定；不同牌号内衬不锈钢材料的力学性能应符合表5-7的规定；不同牌号内衬不锈钢材料的适用条件及用途可按5-8选择；薄壁不锈钢板材的主要化学成分如表5-9所示；薄壁不锈钢板材的主要物理性能如表5-10所示。

2.不锈钢焊材宜与所用不锈钢内衬材料相匹配

表5-7 内衬不锈钢材料的力学性能

牌号	性能		测试依据标准
06Cr19Ni10（304型）	管材屈服强度	≥210MPa	《金属材料拉伸试验第1部分：室温试验方法》（GB/T 228.1）
06Cr19Ni10（304型）	管材延伸率	≥35%	《金属材料拉伸试验第1部分：室温试验方法》（GB/T 228.1）
022Cr19Ni10（304L型）	管材屈服强度	≥180MPa	《金属材料拉伸试验第1部分：室温试验方法》（GB/T 228.1）
022Cr19Ni10（304L型）	管材延伸率	≥35%	《金属材料拉伸试验第1部分：室温试验方法》（GB/T 228.1）
06Cr17Ni12Mo2（316型）	管材屈服强度	≥210MPa	《金属材料拉伸试验第1部分：室温试验方法》（GB/T 228.1）
06Cr17Ni12Mo2（316型）	管材延伸率	≥35%	《金属材料拉伸试验第1部分：室温试验方法》（GB/T 228.1）
022Cr17Ni12Mo2（316L型）	管材屈服强度	≥180MPa	《金属材料拉伸试验第1部分：室温试验方法》（GB/T 228.1）
022Cr17Ni12Mo2（316L型）	管材延伸率	≥35%	《金属材料拉伸试验第1部分：室温试验方法》（GB/T 228.1）

表5-8 内衬不锈钢材料的适用条件及用途

牌号	适用条件	用途
06Cr19Ni10（304型）	氯离子含量≤200mg/L	饮用净水、生活饮用冷水、热水等管道
022Cr19Ni10（304L型）	氯离子含量≤200mg/L	耐腐蚀要求高于304型场合的管道
06Cr17Ni12Mo2（316型）	氯离子含量≤1000mg/L	耐腐蚀要求高于304型场合的管道
022Cr17Ni12Mo2（316L型）	氯离子含量≤1000mg/L	海水或高氯介质

表5-9 薄壁不锈钢板材的主要化学成分

序号	牌号简称	化学成分（质量分数）/%							
		C	Si	Mn	P	S	Ni	Cr	Mo
1	304	≤0.08	≤0.75	≤2.0	≤0.04	≤0.03	8~11	18~20	—
2	304L	≤0.03	≤0.75	≤2.0	≤0.04	≤0.03	8~12	18~20	—
3	316	≤0.08	≤0.75	≤2.0	≤0.04	≤0.03	10~14	16~18	2~3
4	316L	≤0.03	≤0.75	≤2.0	≤0.04	≤0.03	10~14	16~18	2~3

表5-10　薄壁不锈钢板材的主要物理性能

密度（kg/dm³）	平均热膨胀系数（10⁻⁶/℃）（0℃~100℃）	热导率（W/m℃）（100℃）	比热容（J/kg℃）（0℃~100℃）	电阻率（Ω·mm²/m）	杨氏模量（kN/mm²）	磁性
7.75~8.0	16	15	500	0.72	200	无

现行国家标准《流体输送用不锈钢焊接钢管》（GB/T 12771—2008）对流体输送用不锈钢焊接钢管管材的牌号、化学成分和力学性能等进行了详细规定，可直接参考其中的规定进行内衬不锈钢材料的选型。与现行国家标准《流体输送用不锈钢焊接钢管》（GB/T 12771—2008）对应的不锈钢板材和焊材的详细性能要求，应参考现行行业标准《不锈钢冷轧钢板和钢带》（GB/T 3280—2007）和《不锈钢焊条》（GB/T 983—2012）的有关规定。

表5-7参考了《流体输送用不锈钢焊接钢管》（GB/T12771—2008）中对各种牌号不锈钢力学性能的规定。关于不锈钢牌号的规定可参见现行国家标准《不锈钢和耐热钢牌号及化学成分》（GB/T 20878—2007）。

不锈钢内衬法是一种新兴的供水管道非开挖修复工艺，其内衬设计目前国内外尚无成熟的理论。

3.不锈钢内衬的特性

（1）薄壁不锈钢内衬的耐腐蚀性

①薄壁不锈钢内衬的耐腐蚀性强，从而不需要留腐蚀余量。

②能够适应各种水质的输配，如自来水、海水、污水等。

③无腐蚀和渗出物，无异味或浑浊问题，易保持输送水的水质不出现"红水""绿水"的困扰。

④能承受高达30m/s的高水流速的冲蚀，用于高水头电站的导流管道上。

⑤光滑的不锈钢内衬管的水力曲线近似于直线，在流速10m/s以下时，可忽略紊流关系，低流速时水头损失仅为碳钢管的2/5，从而节省了输配水的能耗，亦说明同样条件下输水能力可增加20%以上。

（2）薄壁不锈钢内衬管的力学和物理性能

不锈钢板强度高，有良好的延展性和韧性，低温不变脆；对冲撞有很强的吸收能力，抗震和抗冲击性能强；具有优良的耐磨损和耐疲劳特性；具有优良的防火和防热辐射性能，有较好的高强度；热传导率低，热胀冷缩缓慢等。因此，不锈钢内衬管如同不锈钢管，具有以下优点。

①输送水的卫生条件好。

②安全可靠，能很好地经受振动冲击、水锤、热胀冷缩，不易漏水与爆裂。

③管内衬板材加工容易，易切割、成型和焊接。

（3）综合优势

①使用寿命长，在周期性振动条件下，实测腐蚀试验数据表明，不锈钢管使用寿命可达100年，不锈钢内衬管应达相似的使用寿命。

②寿命周期成本低，几乎不需要维护，可减少管材更换费用，运行费用低，经济性显著。

③显著降低水的渗漏，使水资源得到有效的保护和利用。

④不锈钢内衬管如同不锈钢管是绿色环保管材，安全无毒（倘若不锈钢材质达不到牌号的要求，重金属会游离到水中，影响水质），可100%回收再利用，且有很大的经济价值，有利于可持续发展。

4.不锈钢内衬管的难点

不锈钢内衬管的难点包括：不锈钢板材焊接的耐腐蚀性问题；不锈钢内衬管与被衬管间的电化学腐蚀问题；不锈钢内衬管承受真空负压力的问题。

（1）不锈钢板材焊接的耐腐蚀性问题。薄壁不锈钢板材焊接连接的主要方法是钨极氩弧焊及壁厚较大的手工电弧焊。焊接连接时，需将板材加热到熔解，再冷却重新结晶，形成由焊缝及热影响区组成的焊接。此区域金属的组织、性能与板材的原始状态有很大区别，特别是非超低碳不锈钢，焊后必然会有碳化物析出，直接影响该区域的耐蚀性。工厂生产过程中焊接形成的碳化物析出，可通过固溶处理等方法来恢复其耐蚀性。而现场焊接的接缝，是无法进行固溶处理的，只能以焊态来工作。在不锈钢内衬管工程中，为了使焊态的焊接接缝有所需的耐蚀性，除了采用超低碳不锈钢外，就是通过选用含有钛、铌等稳定化学元素的不锈钢品种，并配上相应的焊接材料来实现。而建筑供水薄壁不锈钢板材的材质品种有限，尚未被列入含稳定化学元素的不锈钢品种，若选用焊接连接方法，就需选用牌号为304L、316或316L的超低碳不锈钢板材，因为非超低碳不锈钢板材不含稳定化学元素，其焊态组织的耐蚀性是有问题的。

不锈钢板材之间的焊接连接，分对接缝焊与搭接焊2类。

对接缝连接是管道焊接连接的基本方法，适用于各种规格不锈钢板材的连接。采用手工钨极氩弧焊工艺焊接时，板材两侧必须充氩或纯氮气体保护，以保证板材两侧焊缝及热影响区的质量。焊材（焊条、焊丝）经焊接后，其焊态应具有足够的耐蚀性。其次施工焊接的工艺应合理可靠，焊后的焊接质量应合格。目前，建筑供水薄壁不锈钢板材采用对接焊连接，尚缺相应的质量标准及验收规范。若按《现场设备、工业管道焊接工程施工规范》（GB 50236—2011）执行，显然不妥，因此设计选用时，要充分考虑。

搭接焊时，板材外侧焊接熔池有焊枪喷出的氩气保护，而内侧为空气焊接，因板材较薄，因此手工操作时板材内侧焊缝区会产生严重氧化，直接影响板材使用寿命。当然，有条件采用板材全位置自动钨极氩弧焊机焊接的，其焊接质量就有保证，但还需选用超低碳不锈钢板材（如304L、316、316L），否则焊后的焊缝耐蚀性仍有问题，因此不推荐使用手工钨极氩弧焊搭接连接的方式。

现有的具体焊接连接方法如下。

①药皮焊条电弧焊接。因其适应性强而被广泛采用。药皮焊条电弧焊接，是在母材和焊条之间，使其产生电弧进行焊接的方法。焊接时借助焊条药皮产生的气体和熔渣，把焊接熔池与大气隔离。使用交流（AC）或直流（DC）电源，但广泛使用的是交流电弧焊接机。电焊条通电产生电弧（分为电弧芯、电弧流、电弧焰3部分），在其周围形成保护气流，使电弧稳定燃烧。焊接时尽量保持短弧，以免发生保护气流不稳定的现象。要防止空气中的氧及氮的侵入，焊接不锈钢板需要不锈钢药皮电弧焊条。

②埋弧焊接。以焊丝作为电极，电极与母材之间产生电弧，并不断地送敷焊药而连续进行焊接的方法，称为埋弧焊接。这种焊接方法因其电弧肉眼看不到故称为埋弧焊接。焊药依靠电弧热量成熔融焊药和熔渣，后者将熔融金属与大气隔离，使用大电流可以高效率地进行焊接，一般是用于中厚板的焊接，有时亦可用于薄板焊接。因为焊接过程中大约损失15%的铬，所以，应当在焊丝和焊药中设法补充铬的成分。

③气体保护电弧焊接（TIG焊接、MIG焊接）。TIG焊接是用钨（W）电极与母材之间产生电弧，用氩（Ar）气或氦（He）气将电弧与空气隔离，电弧将焊丝熔化完成焊接的方法。焊枪采用水冷却方式和空气冷却方式，钨电极的尺寸大小根据电流和板厚来选定。焊接机（电焊机）采用交流（AC）或直流（DC）电源都可以。通常不锈钢的焊接，以直流占多数。选用直流时，钨电极的消耗小，

将焊丝接到负极上，从而提高焊接效率。若选用交流，钨电极消耗量大，不适合不锈钢焊接。

MIG焊接是用氩（Ar）气或氦（He）气将电弧与空气隔离，同时在焊丝和母材之间产生电弧进行焊接的方法。与TIG焊接比较，其使用电流大，焊枪要用水冷却，焊丝直径选用1.2毫米、1.6毫米或2.0毫米等，焊接效率高。MIG焊接电焊机选用直流时，要将焊丝接到正极上。

④金属极活性气体保护电弧焊接（MAG焊接）。使用氩气二氧化碳气体混合的MAG气体将空气隔离，同时以药芯焊丝作为电极，在与母材之间产生电弧进行焊接的方法称为MAG焊接，也就是金属极活性气体保护电弧焊接。

⑤等离子焊接。等离子焊接是在母材和钨电极之间产生电弧，利用气体冷却将电弧拉细，使其在高温离子化的条件下进行焊接的方法。惰性气体的作用：一是离子化；二是起保护作用。等离子焊接可以进行熔融度较深的焊接，由于焊道宽度比较窄，热影响很小，因此适合于不锈钢的焊接。由于其可使小电流集中，使电弧易于控制。

⑥电阻焊接。利用材料的电阻作用，使电能转换成热能的焊接方法称为电阻焊接。电阻焊接中有点焊、缝焊（滚焊）、凸焊和对焊等方法。因为焊接时耗用大电流，所以焊接比较薄的板材常采用这种方法。由于不锈钢比普通钢的电阻大，因此适宜电阻焊接，且不存在惰性气体保护的麻烦。

⑦钎焊。使用比接合母材金属熔融点低的金属或是将这些合金作为熔融添加剂，不使母材金属熔化而进行接合的方法称为钎焊。添加的金属称为钎料，熔融温度在450℃以上的称为"硬钎焊"，450℃以下的称为"软钎焊"。若要求具备耐腐蚀性时，则需使用具有镍（Ni）成分的"镍钎焊"。钎焊方法分为火焰式钎焊、感应加热钎焊、电阻加热钎焊及炉中加热钎焊等。

（2）不锈钢内衬管与被衬管间的电化学腐蚀问题。不锈钢板材不应与普通碳钢板材直接焊接，因两者电位不一，会发生原电池效应，引起碳钢板材严重锈蚀及断裂故障。

不锈钢内衬管与被衬球铁管不能直接连接，因球铁的电位仅-2.1V，若两者直接连接会因电位差导致不锈钢内衬管发生锈蚀和断裂。两者间可通过铜材过渡，因铜有变电位的特性，从而与所连接的内衬管形成同电位，因此，可在不锈钢内衬管与被衬球铁管间喷涂铜膜处理。

不锈钢内衬管的电位为-0.98V，为了避免接触的被衬管电位不一，形成电化学腐蚀，必要时也可采取有效的绝缘处理。通常一定厚度的水泥砂浆层可减小内衬管与被衬金属管间的电位差。

5.不锈钢内衬管工艺分不锈钢板内衬和不锈钢复合钢板内衬2种

（1）不锈钢板内衬工艺。用不锈钢板内衬法进行管道半结构性修复时，内衬管应能承受管道真空压力以及内部水压的作用，其壁厚设计应符合相关规范的规定。

①内衬管承受外部地下水压力的最小壁厚应按式（5-7）计算，式中E_L直接取内衬不锈钢材料的短期弹性模量，原有管道对内衬管的支撑系数K应通过耐负压试验确定。

②内衬管承受内部水压的最小壁厚应按式（5-8）计算，式中取管道工作压力的1.5倍，取内衬不锈钢材料的屈服抗拉强度，$\gamma_0=1.4$，$f_1=1.0$。

$$t = \frac{D_O}{\left[\dfrac{2KE_LC}{P_W+P_V}N\left(1-\mu^2\right)\right]^{\frac{1}{3}}+1} \qquad （5-7）$$

$$P_W = 0.00981H_W \qquad （5-8）$$

式中，t——内衬管壁厚（mm）；

D_O——内衬管外径（mm）；

K——原有管道对内衬管的支撑系数，取值宜为7.0；

E_L——内衬管的长期弹性模量（MPa），宜取短期弹性模量的50%；

C——椭圆度折减系数；

P_W——管顶位置地下水压力（MPa）；

P_V——真空压力（MPa），取值宜为0.05MPa；

N——管道截面环向稳定性抗力系数，不应小于2.0；

μ——泊松比，原位固化法内衬管取0.3，PE内衬管取0.45；

W——管顶；

③倘若以不锈钢内衬管厚度来保证充分的耐负压能力，将影响不锈钢内衬管的竞争力。采用美国ASTMF1216的设计公式，K的取值应通过耐负压试验确定。

针对薄壁不锈钢内衬管耐负压能力不足而进行的薄壁不锈钢内衬耐负压试验结果显示：DN800厚1.8毫米加支撑环的不锈钢内衬其可承受的负压约为−0.055米Pa（5.5米水头）。国家标准《给水排水工程管道结构设计规范》（GB 50332—2002）中规定压力管道运营过程中可能出现的真空负压的标准值取0.05米Pa（5米水头）。按此考虑，DN800的管道用不锈钢内衬法进行半结构性修复时内衬管最小壁厚应取1.8毫米的1.5倍，即2.7毫米。

由于薄壁不锈钢板目前价格偏高，较厚的不锈钢板难以推广应用，若按非结构性修复考虑则尚可。

（2）不锈钢复合钢板内衬工艺。不锈钢复合钢板系以碳素钢或低合金钢为基层，在其1面或2面整体连续地包覆一定厚度不锈钢复层的复合材料，对于不锈钢复合钢板内衬，仅需1面复层。

形成不锈钢复合钢板的方法有以下几种。

①爆炸法：以爆炸方法实现复层、基层间冶金焊合的复合方法。

②爆炸轧制法：以爆炸方法进行复层、基层坯料的初始焊合，再进行轧制焊合的复合方法。

③轧制复合法：不采取爆炸，只在轧制过程中实现复合的复合方法。

按照《不锈钢复合钢板和钢带》（GB/T 8165—2008）的规定，不锈钢复合钢板分3个级别。

Ⅰ级：适用于不允许有未接合区存在的、加工时要求严格的结构件上。

Ⅱ级：适用于可允许有少量未接合区存在的结构件上。

Ⅲ级：适用于复层材料只作为抗腐蚀层来使用的一般结构件上。

6.不锈钢复合钢板应用的特性

（1）不锈钢复合钢板在复层与基层间，理论上达到无间隙，故不存在电位差引起的电化学腐蚀。

（2）不锈钢复合钢板不仅具有不锈钢的耐腐蚀性，还具有碳钢或低合金钢良好的机械强度。

（3）不锈钢复合钢板具有热压、冷弯、切割、焊接等加工性能。

（4）不锈钢复合钢板切割可用等离子切割机。

（5）不锈钢复合钢板焊接前开坡口，先焊碳钢，再堆焊不锈钢。

（6）确定不锈钢复合钢板内衬管的壁厚，可参照上述式（5-7）计算；而不锈钢板厚度可在0.3～1.0毫米间选用，仅考虑防蚀需要，这样可减少造价。

7.不锈钢复合钢板内衬管承受真空负压力的问题

首先从被衬管道的工艺设计上，合理布设真空破坏阀（吸气阀），不允许管道在输水过程中存在真空负压。

由于不锈钢材料价格昂贵，从经济性角度考虑不锈钢内衬管的厚度应尽量小，但壁厚很薄的不锈钢内衬管环刚度低，其耐负压能力有限，易在供水管道运营过程中产生的水锤负压下发生内衬管坯变形，因而解决不锈钢内衬管承受真空负压力的问题不可忽视。

其次采用不锈钢复合钢板工艺，原则上可承受真空负压力，且减轻或避免了不锈钢与碳钢、球铁间的电化学腐蚀问题。因此推荐不锈钢复合钢板内衬法。

8.被衬管的预处理问题

应在被衬管内间隙填充水泥基系列堵漏材料且抹平，管身漏水缝隙亦用水泥基系列堵漏材料处理好，必要时内衬高强度水泥砂浆内胆，改善管体结构安全性，保持内壁平整、干燥。

9.不锈钢复合钢板内衬管施工的工序问题

通常采用不锈钢复合钢板内衬管的管道是大直径输水干管，停水修复的工期不可能很长，但也不宜太短，应控制在新铺同规格、同材质管道工期的1/2～2/3为好。为了提高施工效率，建议采取下列措施。

（1）按原管道三通、弯管、控制阀等分段，施工段的长度不宜超过2千米。

（2）分段采取流水作业措施。

（3）原管道的内处理项目包括内壁清洗、内间隙填嵌、漏缝修补、内壁沙平或内喷涂高强度水泥砂浆等。

（4）不锈钢复合钢板内衬管管坯（长度约4～8米），管坯两端开坡口，管坯长度应小于原管揭开工作坑的长度。在管沟附近工棚内，在特制管架上用气体保护电弧焊接（MIG焊接）等工艺形成管坯，送入原有管道内部，套在带有胶囊的特制管架上，运至刚喷有纯水泥浆的作业点，开动压缩空气机，将不锈钢复合钢板内衬管挤压至被衬管的内壁上，采用特制振动锤将空鼓气泡捻平。

（5）不锈钢复合钢板内衬管管坯依次挤贴至被衬管的管壁后，管坯间搭接，再焊接固位，必要时内加支撑环的措施。

（6）管段施工完毕后，合拢段（三通、弯管等）以不锈钢复合钢板材加工管件收口。

（7）内衬管完工后，应按下列要求检查内衬管材的表面质量。

①内衬管的内外表面应光滑，不允许有分层、裂纹、折叠、重皮、扭曲、残留氧化铁皮及其他妨碍使用的缺陷。

②焊缝缺陷允许修补，但必须符合壁厚的允许偏差。

③采用单面自动焊接方法制造的内衬管，其焊缝的余高应与母材齐平且圆滑过渡，不允许内凹，其内焊缝余高应符合≤20%S，但最大为1毫米。

（8）晶间腐蚀问题。不锈钢复合钢板间的焊接，首先开坡口，做碳钢焊接，再做不锈钢堆焊。焊缝晶间腐蚀系沿晶界产生的局部腐蚀。在焊接的热影响区，高温下铬的碳化物（Cr23C6）会在结晶粒界上析出，导致其近旁"贫铬"的部位产生选择性的腐蚀。奥氏体型钢管应按（GB/T 4334.5—2000）的规定进行晶间腐蚀测试及补铬措施。

（9）该工程应按相应规程做水压及负压检验。

（10）不锈钢复合钢板内衬管工程完工后，应充水浸泡、消毒、冲洗，水质检验合格后通水。

（11）进行通水流量与水损的测定，并与工程开始前的测定数据进行分析比较，提交竣工图及竣工文件。

当前国内流行的不锈钢内衬管作业方法，系将板材送入被衬管内拼接焊连。主要存在以下问题。

①不锈钢板材偏厚。

②无法解决两侧惰性气体保护焊，容易锈蚀。

③内衬管与被衬管间接触不密实。

④不锈钢内衬管与碳钢间的电化学腐蚀问题难以处理。

⑤被衬管渗漏问题解决不彻底，内衬管需要承受地下水的压力。

（八）水泥砂浆内衬法

水泥砂浆喷涂宜采用机械离心喷涂。当管径大于1 000毫米，若无机械喷涂设备并且有手工涂抹经验时，可用手工涂抹。

喷涂施工前应检查管道的变形状况，竖向最大变位不应大于设计规定值，且不得大于管径的2%。

1.水泥砂浆喷涂法所用材料应符合下列规定

（1）水泥性能应符合现行国家标准《通用硅酸盐水泥》（GB 175—2007）和《抗硫酸盐硅酸盐水泥》（GB 748—2005）的有关规定，水泥强度等级不应低于42.5。

（2）砂浆用砂质量应符合现行国家标准《建设用砂》（GB/T 14684—2011）的有关规定。

（3）砂粒中泥土、云母、有机杂质和其他有害物质的总量不应超过总重的2%。

（4）砂粒应全部能通过14目筛孔，通过50目筛孔的不应超过55%，通过100目筛孔的不应超过5%。

（5）砂粒在使用前应使用筛网筛选。

（6）当需要掺加外加剂时，应经过试验确定，不得采用影响水质和对钢材有腐蚀作用的衬里砂浆外加剂。

2.水泥砂浆混配应符合下列规定

（1）水泥砂浆重量配比应在1∶1～1∶2；水泥砂浆坍落度宜取60～80毫米，当管道直径小于1 000毫米时，坍落度可提高，但不宜大于120毫米。

（2）应采用机械充分搅拌混合，砂浆稠度应符合衬里的匀质密实度要求，砂浆应在初凝前使用。

（3）水泥砂浆抗压强度不应小于30MPa。

3.水泥砂浆喷涂作业应符合下列规定

（1）当采用机械喷涂施工工艺时，对弯头、三通特殊管件和邻近闸阀的管段等可采用手工喷涂，并以光滑的渐变段与机械喷涂的衬里相接。

（2）水泥砂浆喷涂厚度，对于钢管的水泥砂浆内衬厚度及允许公差可按表5-11取值，对于球墨铸铁管的水泥砂浆内衬厚度可按表5-12取值。

表5-11　用于钢管的水泥砂浆内衬厚度及允许公差

公称直径（mm）	内衬厚度（mm）		厚度公差（mm）	
	机械喷涂	手工涂抹	机械喷涂	手工涂抹
500～700	8	—	+2-2	—
800～1 000	10	—	+2-2	—
1 100～1 500	12	14	+3-2	+3-2

续表

公称直径	内衬厚度（mm）		厚度公差（mm）	
（mm）	机械喷涂	手工涂抹	机械喷涂	手工涂抹
1 600～1 800	14	16	+3-2	+3-2
2 000～2 200	15	17	+4-3	+4-3
2 400～2 600	16	18	+4-3	+4-3
>2 600	18	20	+4-3	+4-3

表5-12　用于球墨铸铁管的水泥砂浆内衬厚度

公称直径（mm）	内衬厚度（mm）	
	公称值	某一点最小值
40～300	3	2
350～600	5	3
700～1 200	6	3.5
400～2 000	9	6
2 200～2 600	12	7

表5-11参考了现行国家标准《给水排水管道工程施工及验收规范》（GB 50268—2008）的有关规定，表5-12参考了现行国家标准《球墨铸铁管和管件水泥砂浆内衬》（GB/T 17457—2009）的有关规定。

4.水泥砂浆喷涂后的养护作业应符合下列规定

（1）已喷涂的水泥砂浆达到终凝后，应立即进行浇水养护，保持衬里湿润状态时间应在7天以上。

（2）当采用矿渣硅酸盐水泥时，保持湿润状态时间应在10天以上。

（3）养护期间管段内所有孔洞应严密封闭，当达到养护期限后，应及时充水。

水泥砂浆喷涂作业结束后，应对管道施工接口进行相应的密封、连接、防腐处理；对于不能及时连接的管道端口，应采取保护管道端口的措施。

水泥砂浆喷涂法施工除应做好工作坑开挖、管道断管与改造、管道预处理、端口处理与连接、管道压力试验、管道冲洗消毒和工作坑回填等基础施工记录外，还应做好水泥砂浆混配、水泥砂浆喷涂和水泥砂浆养护等施工工艺记录。

（九）高强度水泥砂浆内胆喷涂法

高强度水泥砂浆内胆喷涂法是在大口径管道内采用机械化专用设备进行水泥砂浆内衬的基础上，通过喷涂机械设备的改进，强化搅拌、振动、挤压及高速的喷射，排除内衬料中的空气，改善内衬体的致密性，从而形成高强度水泥砂浆内胆。当然高强度水泥砂浆不同于常规水泥砂浆的配方，它由525号硅酸盐水泥（其中铝酸三钙≤4）、粉煤灰（磨细）、减水剂构成，在气温较高的夏天时，掺和少量甲基纤维或杜拉纤维。

（十）环氧树脂喷涂法

环氧树脂喷涂可采用离心喷涂或气体喷涂工艺，离心喷涂可用于管径200～600毫米的管道，气体喷涂可用于管径15～200毫米的管道。

环氧树脂厚浆型涂料性能应符合表5-13的规定，环氧树脂无溶剂双组分涂料性能应符合表5-14的规定，环氧树脂底漆性能应符合表5-15的规定。

表5-13　环氧树脂厚浆型涂料性能

项目	性能指标	测试依据
漆膜外观	白色厚浆型	色卡比较
黏度（涂-4黏度计25℃+1℃）（S）	75±10	《涂料黏度测定法》（GB/T 1723—1993）
细度（μm）	≤60	《涂料黏度测定法》（GB/T 1723—1993）
体积固体含量	＞80%	《色漆、清漆和塑料不挥发物含量的测定》（GB/T 1725—2007）
附着力（级）	1～2	《色漆和清漆拉开法附着力试验》（GB/T 5210—2006）
硬度（2H铅笔）	无划痕	《色漆和清漆铅笔法测定漆膜硬度》（GB/T 6739—2006）
柔韧性	合格	《漆膜柔韧性测定法》（GB/T 1731—1993）
耐冲击性（cm）	＞30	《漆膜耐冲击测定法》（GB/T 1732—1993）
耐盐雾性试验	一级	《色漆和清漆耐中性盐雾性能的测定》（GB/T 1771—2007）

施工技术处理（h）		≤1	
干燥时间 （23℃±2℃）	表干 （h）	≤24	《漆膜、腻子膜干燥时间测定法》（GB 1728— 1979）
	实干 （h）	≤48	
完全固化期限（d）		7	

注：以手指触摸涂层表面不粘手，视为表干。

表5-14　环氧树脂无溶剂双组分涂料性能

项目		性能指标	测试依据
细度（μm）		≤100	《涂料黏度测定法》（GB/T 1723—1993）
体积固体含量		>94%	《钢制管道液体环氧涂料内防腐层技术标准》 SY/T 0457—2010）
干燥时间 （25℃，h）	表干（h）	≤4	《漆膜、腻子膜干燥时间测定法》（GB/T 1728—1979）
	实干（h）	≤24	《漆膜、腻子膜干燥时间测定法》（GB/T 1728—1979）
附着力（级）		≤2	《漆膜附着力测定法》（GB/T 1720—1979）
耐冲击性（cm）		50	《漆膜耐冲击测定法》（GB/T 1732—1993）
柔韧性（mm）		≤2	《漆膜柔韧性测定法》（GB/T 1731—1993）
涂层外观		平整、光滑	目测
耐化学稳定 性（90d）， （干膜厚度 =200μm）	10%NaOH	防腐层完 整、无起 泡、无脱落	—
	3%NaCl		
	10%H$_2$SO$_4$		
耐含油污水性（100℃， 1 000h），（干膜厚度 =200μm）		防腐层完 整、无起 泡、无脱落	《漆膜耐水性测定法》（GB/T 1733—1993）
耐盐雾性（500h），（干 膜厚度=200μm）		通过	《固体绝缘材料体积电阻率和表面电阻率试验 方法》（GB/T 1410—2006）
剪切强度（MPa）		>5	《防腐涂料与金属黏结的剪切强度试验方法》 SY/T 0041—2012）

表5-15　环氧树脂底漆性能

项目	性能指标	测试依据
表干（h）	≤4	《漆膜、腻子膜干燥时间测定法》（GB/T 1728—1979）
实干（h）	≤24	《漆膜、腻子膜干燥时间测定法》（GB/T 1728—1979）
附着力（级）	≤2	《漆膜附着力测定法》（GB/T 1720—1979）
柔韧性（mm）	1	《漆膜柔韧性测定法》（GB/T 1731—1993）
抗冲击（J）	>4.9	《漆膜耐冲击测定法》（GB/T 1732—1993）
阴极剥离（mm）（48h，150～300μm）	≤10	《埋地钢质管道聚乙烯防腐层》（GB/T 23257—2009）
体积电阻率（Ω•m）	$>10^{11}$	《固体绝缘材料体积电阻率和表面电阻率试验方法》（GB/T 1410—2006）
剪切强度（MPa）	≥5	《防腐涂料与金属黏结的剪切强度试验方法》（SY/T 0041—2012）

环氧树脂厚浆型涂料主要用于管道高压气体喷涂工艺，环氧树脂无溶剂双组分涂料主要用于管道离心喷涂工艺。

根据施工经验，当环境温度低于5℃时，涂料搅拌不均匀，会产生颗粒，导致涂层表面粗糙，影响喷涂质量。湿度大于85%时，不宜进行环氧树脂喷涂，会影响涂料的配比，进而影响喷涂质量。

喷涂施工前应检查管道的变形状况，竖向最大变位不应大于设计规定值，且不得大于管径的2%。

1.环氧树脂涂料的混配应符合下列规定

（1）应根据管道的直径、长度计算环氧树脂用量，并用磅秤称重环氧树脂和固化剂的重量，根据产品说明书的配比配料。

（2）当2级涂料混合后，应在机器中充分搅拌均匀并熟化15分钟后方可进行喷涂。

2.环氧树脂喷涂作业应符合下列规定

环氧树脂内衬喷涂厚度可按表5-16取值。

表5-16　环氧树脂内衬喷涂厚度

公称直径（mm）	涂层厚度（mm）	
	湿膜	干膜
15～25	≥0.25	≥0.20
32～50	≥0.25	≥0.20
65～100	≥0.32	≥0.25
150～600	≥0.38	≥0.3

3.气体喷涂作业应符合下列规定

（1）应按下列步骤进行气体喷涂作业：先将涂料注入涂料机内，再使涂料机与空压机、待喷管用软管相连，然后打开涂料阀门和气阀使待喷管出口处喷出涂料，之后吹出多余的涂料。

（2）应喷涂2次以上，每次喷涂应在前一次喷涂达到表干后方可进行。

（3）多余的涂料应由高压气体吹出。

4.离心喷涂作业应符合下列规定

（1）应通过多次喷涂达到设计内衬厚度，第一道底漆喷涂宜在喷砂除锈后1小时内完成，每次喷涂应在前一次喷涂层达到表干后方可进行。

（2）应用耐压管连接离心喷涂车与气动液压泵、涂料桶等相关设备。

（3）喷涂作业开始后，应按需调整涂料管压力以控制喷嘴流量，同时应控制喷涂车的运行速度。

5.环氧树脂喷涂后的养护作业应符合下列规定

（1）应先向管道内送入微风至涂膜初步硬化。

（2）初步硬化后，应进行自然固化或送入温风进行加温固化。当加温固化温度在25℃时，固化时间应大于4小时；固化温度在60℃时，固化时间应大于3小时。

环氧树脂喷涂及养护作业完成后，应对管道施工接口进行相应的密封、连接、防腐处理；对于不能及时连接的管道端口，应采取保护管道端口的措施。

应做好环氧树脂混配、环氧树脂喷涂和环氧树脂养护等施工工艺记录。

（十一）不锈钢发泡筒法

1.不锈钢发泡筒法所用材料应符合下列规定

（1）发泡胶应采用双组分，并应在作业现场混合使用，固化时间应控制在30~120分钟。

（2）橡胶材料应做成筒状，附在不锈钢套筒的外侧，橡胶筒的两端应设置止水圈。

（3）不锈钢筒应采用304型及以上材质，两端应加工成喇叭状或锯齿形边口。

（4）止回扣卡住后不应发生回弹，且不应对修复气囊造成破坏。

2.不锈钢发泡筒制作应符合下列规定

（1）不锈钢筒及海绵的长度应能覆盖整个待修复的缺陷，且前后应比待修复缺陷至少长100毫米。

（2）发泡胶的涂抹作业应在现场阴凉处完成，发泡胶的用量应为海绵体积的80%。

3.不锈钢发泡筒的安装过程应符合下列规定

（1）应在始发工作坑和接收工作坑各安装1个卷扬机牵拉不锈钢套筒运载小车和电视检测设备。

（2）将运载小车牵拉到管内待修复位置。

（3）运载小车被牵拉到达待修复位置后，应缓慢向气囊内充气，使不锈钢筒和海绵缓慢扩展开并紧贴原有管道内壁；气囊压力不得破坏不锈钢发泡筒的卡锁机构，最大压力宜控制在400kPa以下。

（4）当确认不锈钢发泡筒完全扩展开并锁定后，缓慢释放气囊内的气压，并收回运载小车和电视检测等设备。

一个修复段的多个不锈钢发泡筒全部安装完成后，应对管道施工接口进行相应的密封、连接、防腐处理；对于不能及时连接的管道端口，应采取保护管道端口的措施。

不锈钢发泡筒法施工除应做好工作坑开挖、管道断管与改造、管道预处理、端口处理与连接、管道压力试验、管道冲洗消毒和工作坑回填等基础施工记录外，还应做好不锈钢发泡筒制作、不锈钢发泡筒安装和不锈钢发泡筒密封性试验等施工工艺记录。

（十二）橡胶胀环法

橡胶胀环法可用于对人可进入管道内部的大直径管道的局部修复，管道直径宜大于等于800毫米。

橡胶胀环法所用不锈钢胀环、不锈钢楔垫片应具备足够的强度和刚度，橡胶密封带应在不锈钢胀环的作用下紧贴管壁且密封良好。

橡胶胀环的安装应符合下列规定。

（1）待修复部位的原有管道应进行预处理，对于水泥压力管的内间隙应填满水泥砂浆，打磨平整，再对修复区域的管道内壁用干燥的毛刷刷干，并涂上与密封橡胶材料配套的无毒润滑膏，其作用是充填橡胶胀环安装好之后的接缝间隙。

（2）橡胶密封带应安装在指定修复位置，密封带就位后，应将不锈钢胀环安装在密封带两端的凹槽中。

（3）不锈钢胀环就位后，应采用扩环器对不锈钢胀环加压到预定压力，加压速度不宜过快，不得对不锈钢胀环造成损坏。

（4）扩环器加压到预定压力后，应至少维持2分钟。

（5）维持压力阶段结束时，应将不锈钢楔垫片安装于扩张后的不锈钢胀环端部所曝露的间隙中。楔垫片的尺寸与固定带端部间隙应过盈配合，楔垫片装配时应先使边缘就位，并在不锈钢胀环的挤压下锁紧，楔子半径应与管径相匹配。在楔垫片就位后，方可卸压。

（6）一个不锈钢胀环安装结束后，应按同样步骤对另一个不锈钢胀环进行安装。

一个修复管段的橡胶胀环全部安装完成后，应对管道施工接口进行相应的密封、连接、防腐处理；对于不能及时连接的管道端口，应采取保护管道端口的措施。

橡胶胀环法施工除应做好工作坑开挖、管道断管与改造、管道预处理、端口处理与连接、管道压力试验、管道冲洗消毒和工作坑回填等基础施工记录外，还应做好橡胶涨环安装和橡胶涨环密封性试验等施工工艺记录。

非开挖修复更新工程所用成品管材或型材应按相关标准进行标注，没有相关标准时，成品管材或型材的标注应符合下列规定。

（1）折叠管、缩径管的标注间距不应大于3.0米。

（2）带状型材的标注间距不应大于5.0米。

（3）片状型材应每片进行标注。

标注一般包括生产商的名称或商标、产品编号、生产日期、型号、材料等级和生产产品所依据的规范名称等信息。

第三节　管道不停水的施工方法

本节阐述的管道不停水施工方法，包括不停水引接分支管、不停水增添控制阀门、不停水改造管道的思路。

一、不停水引接分支管

在城市供水管道上引接出分支管路，是改造城市管网，增添用户常遇的施工课题。从运行的管道上引出分支管路，若不采取特殊措施，必将导致管网中的局部管段暂时停止供水，波及管网中水的流向，使管内沉积物浮起，引起管网水质的恶化。因此，从运行管上引出分支管道应优先考虑不停水引接的施工措施。

在不停水的状态下，从管网中引接分支管道的施工，可改善管道工人的施工条件。由于管道不停止输水，管网不会降压，管道中的输水水质也不会受到波及，因此用户用水不受影响，是提高服务质量的有效措施。

不停水引接分支管的方法，按照管材类别、开孔大小、是否用管鞍、是否带特殊部件，各地区创造出多种方式，目前常见的为下列2个类型。

（一）不停水引接小规格分支管

用管鞍配件在不停水状态下，引接直径20～50毫米的分支管。

首先对管表面除锈洁污，垫上胶垫，安上球铁管鞍，上好U形螺栓，注意胶垫不堵入管鞍的孔口，安上闸阀，通过闸阀充水试压，证明组装完好后安上钻架及钻杆、棘轮扳手，孔钻穿后提出钻杆，关闭闸阀，拆除钻架，引安水管。

（二）不停水引接大规格分支管

用管鞍配件在不停水状态下，引接直径80～400毫米的分支管。

这种不停水引接分支管的方法，是在承压干管上，在不影响水的流向又不让管内水外溢的前提条件下，在管壁上开一个洞，装上分支管道。这种分支管的直径通常在80～400毫米之间，当前国内开孔的最大直径达2 000毫米。

开洞机系统，即在供水干管上，挖一引接分支管的工作坑。安装上管鞍，在管壁待开孔的四周装上密封胶垫，由于铸铁管等管材表面平整度差，因此宜用O形橡胶圈做胶垫，管鞍卡紧后，要求胶垫圈不堵入孔内。

在管鞍侧装闸阀，要求闸阀开启后，阀杆头或阀瓣不影响钻头作业。闸阀杆应垂直于地面，以便地面上能用工具启闭闸阀。闸阀端面上安一堵板，随即进行灌水及水压试验，检查闸阀及管鞍安装质量，要求在管网工作压力1.5倍的状态下，不出现渗滴现象。

钻孔工具即开洞机，由钻孔轴、空心钻头、中心钻头、钻架座板、钻架螺母、带圆盘丝杆、棘轮扳手等组合而成。如若开孔的规格改变，则更换空心钻头及钻架座板，有时也要更换钻孔轴等。钻架座板固定在闸阀上，并在钻架螺母下侧和坑底间装上垫块使其稳固。并应使开洞机轴线和闸阀、管鞍轴线一致，空心钻头在闸阀内进退不会擦壁。钻架螺母为铜件，它与钻架底板间需用O形橡胶圈或石棉绳做密封填料，使在钻孔过程中不会让管内水外溢。钻头的旋转切削，靠带棘轮的扳手动作；钻头的进给靠带圆盘的丝杆操作，在丝杆和钻孔轴之间装上铜垫圈或平面轴承。钻孔时，中心钻头先把管壁钻穿，起到定位的作用，以便空心钻头铣孔。当压力计的指针显示出读数，表明管壁钻穿，通过放水旋塞冲排铁屑，并以管内水压把钻掉的铁块托住，使其不掉入主管内。

开孔完毕后，钻头退出闸阀，关闭闸阀，并用钻架座板上特设的放水旋塞排除余水，拆除开洞机部件，钻孔工序即告完毕。

在运行的供水管道上不停水开孔，目前开孔的最大直径达2 000毫米；可在钢管、球铁管、塑料管以及水泥压力管上开孔；开孔的动力包括手动、电动及气动等。

二、不停水增添控制阀门

在运行的供水管道上不停水增添控制阀门，比在其上不停水引接分支管道难度更大。添加的阀门有2类方式。不停水加装非常规软密封闸阀和不停水加装常规阀门。

前者在国内已有成熟的产品，并在直径200～1 200毫米的管道上成功地添加了阀门。由于阀门的密封性能受管体内壁状况影响较大，因此相对而言，非常规密封闸阀达不到常规阀门的密封效果。后者施工作业较难，但增添的阀门可以达到常规阀门的效果。

（一）不停水加装非常规软密封闸阀

非常规闸阀是以软密封闸板与管体下部内壁接触的增添闸阀。

1.加装闸阀的构成组件

（1）阀门主体包括以下几个部分：上阀体、下阀体、连接器、阀盖、闸板。

（2）旋转驱动机构：由蜗轮蜗杆及链条齿轮组成的2级降速传动机构。

（3）限位定位机构：由2对半环组成，旋转切割时在管道中心线方向起到对阀门的止推作用，在旋转阀体时起到阀体在不同角度的定位作用。

（4）钻铣装置：按用途分为2类，管壁切削刀具组件及内壁清洗刀具组件。

（5）阀座临时密封刀闸板：用于管壁切开后更换刀具及加装阀板腔时起到对系统的临时隔断作用。

2.加装闸阀的相关设备

（1）液压动力装置。

（2）试压设备。

（3）其他相关工具。

3.安装前的准备工作

（1）确定所安装管道的材质：属于铸铁管、球铁管还是钢管的范畴。

（2）确定所安装管道的实际尺寸：外径、内径、管壁是否失圆。

（3）确定工作场地面积、管道埋深等是否符合安装要求。

4.安装过程

（1）管壁处理

①确定安装位置。

②将管壁外附着的泥土及锈迹除去。

③缠绕胶带及涂抹润滑油。

（2）加装阀体：上下阀体用螺栓固定于预先处理的管道上，螺栓不拧死（允许少量泄露），以便阀体可自由旋转，最终以螺栓拧紧不泄露为准。

（3）将旋转驱动装置的驱动部分安装于限位环上，从动齿轮安装于阀体，挂接驱动链条。

（4）限位装置加装于阀体两侧，紧贴阀体，拧紧两端螺栓并拧紧定位螺栓。

（5）安装液压油缸及横杆。

（6）加装管壁切削刀具。

（7）阀体两侧及下方设有3个排屑孔，在其中2个中安装球阀，另外1个安装压力表、排屑孔。

5.试压

关闭另外2个排屑孔上的球阀，开启加压泵对阀体内进行加压，压力达到相应值时检查阀体接合处有无漏水现象。如有，通过紧固相应位置的螺栓达到无渗漏。

6.确定阀门初始位置

在刀闸板上放置一水平尺。通过驱动装置微调阀门位置，保证刀闸板处于水平位置。

7.切削管壁

初始位置时将刀具缓慢推进，在管壁切削出1个孔。转动驱动装置手柄，带动阀体分别向左右各旋转90°，在管壁切出180°的槽。

在即将达到90°时同样用水平尺测量刀闸板的垂直度。切好后阀体回到初始位置。

8.关闭刀闸阀

退回钻铣刀头，开启连接油缸管路的液压开关，关闭刀闸阀。

9.拆除管壁切削刀具。

10.安装内壁清洗刀具

其操作原理类似管壁切削过程，将刀头推进到相应位置，由驱动装置带动阀体左右各旋转90°，清除内壁的水垢及多余的防腐层。使作业面平整光洁，更加有效地与阀板外缘贴合，从而达到较好的密封的目的。

管道安装年限较短或输送水质良好，管道内壁结垢不明显的，可以免做此项操作。

11.加装阀板腔。

12.开启刀闸阀。

13.关闭阀门。

14.拆除附件。

15.封堵排屑孔及刀闸阀阀座。

16.完成增添的闸阀。

（二）不停水加装常规阀门

不停水切断管体，以活法兰与常规蝶阀或闸阀连接成一体（目前国内还未开发）。作业要点如下。

（1）清洁管道表面后，固位安装好阀门两侧的活法兰，活法兰以胶垫卡固在管道上，保持两活法兰平行，间距等同阀门长度（包括法兰胶垫片的厚度）；两法兰盘孔眼位置一致，且与将被安装阀门法兰盘孔眼位置一致。

（2）上下阀体的内腔应能包容常规阀门的外形尺寸，阀体两侧布置有与活法兰孔眼对应的孔，导向螺杆与孔洞间有密封填料函，必须时需要特殊链接。

（3）旋转驱动机构、限位定位机构、阀体临时密封刀闸板机构、试压机构，类似"不停水加装非常规软密封闸阀"的相应机构。

（4）钻铣装置是2把平行的、360°旋转的切铣工具。切铣过程中，中间短节应有固位、定位措施；钻铣装置完成作业后拆除的同时，切铣下的短管吊至刀闸板以上，以便拆除。

（5）添加的阀门（蝶阀较好）的法兰盘孔眼，均内嵌有丝扣，法兰盘端面贴有橡胶垫片。

（6）添加的阀门插入管道切口内后，导向螺杆引导紧固螺栓通过活法兰孔眼，对称紧固在阀门相应丝孔内。

（7）拆除相关部件，阀门完好地添加就位，再将蝶阀的减速器等部件组装好。

三、不停水改造管道的思路

管道的改造涉及的内容较多，譬如旧管段更换、旧控制阀更换、原管段迁移、原管段增设三通或四通节点等。这些改造内容，若借助不停水引接分支管技术及不停水增添管道阀门技术，就可以在不停水条件下付诸实施。只要在待改造管段两端，先按不停水方式加装非常规软密封闸阀或常规阀门，然后在加装闸阀外以不停水方式引接分支管，并以临时管段相连，两加装闸阀关闭后，原管道的水从临时管绕行。

两加装闸阀间的管段，按上面涉及的内容，进行改造及处理。如旧管段漏水时，不停水更换漏水管段，先在漏水旧管段两侧加装新闸阀，然后关闭两加装阀，更换漏水管段；同理，也可通过此方法将更换管段移至新的规划位置。

原管段控制阀门不停水更换。先在原管段旧控制阀门两侧分别不停水加装新阀门；再在两新阀外侧原管段不停水钻孔，安装分支阀门，并连成临时通水管道；关闭新加装的阀门，更换原管段上的控制阀门，然后关闭分支阀门，拆除临时管道。这里阐述的加装新阀门是指密封性能较差的非常规软密封闸阀，若添加的是2个常规阀门，则将原管段控制阀门拆除，管道连通即可。

原管段上不停水添加三通管。先在原管段预加三通管的两侧分别不停水加装新阀门；关闭两加装阀门，在两加装阀间管段添加三通管。

参考文献

[1] 胡纹. 城市规划概论[M]. 武汉：华中科技大学出版社，2015.

[2] 罗软. 城市轨道交通概论[M]. 成都：西南交通大学出版社，2017.

[3] 何维华. 城市供水管网运行管理和改造[M]. 北京：中国建筑工业出版社，2017.

[4] 吕媛媛. 市政排水工程的规划与施工[M]. 合肥：安徽人民出版社，2019.

[5] 尹志鹏，邱兰. 市政学[M]. 延吉：延边大学出版社，2016.

[6] 张红金. 市政工程[M]. 北京：中国计划出版社，2015.

[7] 陈爱连. 市政工程[M]. 北京：中国建材工业出版社，2014.

[8] 赵亚军. 市政工程[M]. 北京：中国建材工业出版社，2013.

[9] 张赫，王睿，高畅. 城市规划快速设计[M]. 武汉：华中科技大学出版社，2019.

[10]王克强，石忆邵，刘红梅. 城市规划原理（第3版）[M]. 上海：上海财经大学出版社，2015.

[11]过秀成. 城市交通规划（第2版）[M]. 南京：东南大学出版社，2017.

[12]韦冬莉，焦雯雯. 城市交通规划概论[M]. 北京：中国财富出版社，2016.

[13]卢琦，单彬. 交通供给与城市规划设计研究[M]. 北京：阳光出版社，2019.

[14]陈春光. 城市给水排水工程[M]. 成都：西南交通大学出版社，2017.

[15]高光智. 城市给水排水工程概论[M]. 北京：科学出版社，2010.

[16]刘东善，马新民. 城市给水排水工程技术概论[M]. 长春：吉林大学出版社，2017.

[17]黄敬文，邢颖. 给水排水管道工程[M]. 郑州：黄河水利出版社，2013.

[18]陈嵘，韦凯. 城市交通轨道工程[M]. 北京：中国铁道出版社，2018.